Klimagespräche

Gerrit Lohmann
Hrsg.

Klimagespräche

Interviews mit
Klimawissenschaftler*innen

Hrsg.
Gerrit Lohmann
Helmholtz-Zentrum für Polar- und Meeresforschung
Alfred-Wegener-Institut
Bremerhaven, Deutschland

ISBN 978-3-662-70419-6 ISBN 978-3-662-70420-2 (eBook)
https://doi.org/10.1007/978-3-662-70420-2

Die Deutsche Nationalbibliothek verzeichnet diese Publikation in der Deutschen Nationalbibliografie; detaillierte bibliografische Daten sind im Internet über https://portal.dnb.de abrufbar.

© Der/die Herausgeber bzw. der/die Autor(en), exklusiv lizenziert an Springer-Verlag GmbH, DE, ein Teil von Springer Nature 2025

Das Werk einschließlich aller seiner Teile ist urheberrechtlich geschützt. Jede Verwertung, die nicht ausdrücklich vom Urheberrechtsgesetz zugelassen ist, bedarf der vorherigen Zustimmung des Verlags. Das gilt insbesondere für Vervielfältigungen, Bearbeitungen, Mikroverfilmungen und die Einspeicherung und Verarbeitung in elektronischen Systemen.
Die Wiedergabe von allgemein beschreibenden Bezeichnungen, Marken, Unternehmensnamen etc. in diesem Werk bedeutet nicht, dass diese frei durch jede Person benutzt werden dürfen. Die Berechtigung zur Benutzung unterliegt, auch ohne gesonderten Hinweis hierzu, den Regeln des Markenrechts. Die Rechte des/der jeweiligen Zeicheninhaber*in sind zu beachten.
Der Verlag, die Autor*innen und die Herausgeber*innen gehen davon aus, dass die Angaben und Informationen in diesem Werk zum Zeitpunkt der Veröffentlichung vollständig und korrekt sind. Weder der Verlag noch die Autor*innen oder die Herausgeber*innen übernehmen, ausdrücklich oder implizit, Gewähr für den Inhalt des Werkes, etwaige Fehler oder Äußerungen. Der Verlag bleibt im Hinblick auf geografische Zuordnungen und Gebietsbezeichnungen in veröffentlichten Karten und Institutionsadressen neutral.

Planung/Lektorat: Simon Shah-Rohlfs
Springer ist ein Imprint der eingetragenen Gesellschaft Springer-Verlag GmbH, DE und ist ein Teil von Springer Nature.
Die Anschrift der Gesellschaft ist: Heidelberger Platz 3, 14197 Berlin, Germany

Wenn Sie dieses Produkt entsorgen, geben Sie das Papier bitte zum Recycling.

Ein paar Gedanken vorweg von Prof. Gerrit Lohmann

Wer sich mit Klima und Umwelt beschäftigt, erkennt schnell, was für ein Wunder unser Planet ist. Dieses winzig kleine Raumschiff schafft es, Milliarden von Arten zu beherbergen. Inmitten des kalten und leeren Weltraums ist die Erde ein Ort, an dem wir Wärme, Licht, Wasser und Nahrung finden. Aber all diese Dinge sind nicht selbstverständlich und müssen in einem einzigartigen Gleichgewicht stehen, damit das Leben gedeihen kann. Umso gefährlicher ist es, wenn dieses Gleichgewicht, das sich über Millionen von Jahren entwickelt hat, durch unsere Lebensweise gestört wird.

Das Klima hat sich schon immer verändert, allerdings bisher ohne menschlichen Einfluss und auf viel längeren Zeitskalen. In der Vergangenheit gab es Zeiten, in denen unser Planet fast völlig eisfrei war, aber auch Zeiten, in denen kilometerdickes Eis einen Teil der Erde zu einem lebensfeindlichen Ort machte. Auch die Konzentrationen von Treibhausgasen wie CO_2 waren in der Atmosphäre nicht immer stabil. So wurde in vergangenen Erdzeitaltern ein Großteil des CO_2 in Pflanzen zwischengespeichert. Unter Druckeinwirkung wurden dieses im Laufe der folgenden Millionen Jahre zu Erdöl und Steinkohle und liegt nun tief unter der Erdoberfläche eingeschlossen.

Heute verbrennt der Mensch diese fossilen Brennstoffe zur Energiegewinnung und bringt das eigentlich gespeicherte CO_2 wieder in die Atmosphäre ein. Die so freigesetzten Treibhausgase bringen den Wärmehaushalt der Erde ins Ungleichgewicht, da weniger Wärme von unserem Planeten entweichen kann. Das Ergebnis: eine globale Erwärmung.

In nur wenigen Jahrzehnten haben die menschlichen Emissionen das Klima der Erde erheblich beeinflusst, was bereits jetzt ökologische, wirtschaftliche und soziale Krisen zufolge hat. Einige dieser Veränderungen könnten unumkehrbar sein. Wetterextreme werden immer häufiger und intensiver, Ökosysteme werden durch Dürren und Überschwemmungen bedroht. Die Ozeane, die als einer unserer wertvollsten natürlichen Kohlenstoffspeicher dienen, sind einer starken Versauerung ausgesetzt. Ernteausfälle beeinträchtigen die Landwirtschaft erheblich, wodurch Hungersnöte verursacht und verstärkt werden. Höhere Temperaturen und das zunehmende Abschmelzen von Eisschilden lassen den Meeresspiegel immer weiter ansteigen. Die Folgen des Klimawandels haben sichtbare negative Auswirkungen auf unser Erdsystem und können Städte, Kulturen und Gemeinschaften auf der ganzen Welt zerstören. Schon heute verlieren Menschen ihr Zuhause und manche sogar ihr Leben.

Das zeigt, dass der Klimawandel eine der größten und dringendsten Herausforderungen unserer Zeit ist. Wir müssen nachhaltige Lösungen finden, um unseren Planeten – unsere Zukunft – zu schützen.

Dieses Buch soll einen Einblick geben, wie verschiedene (Klima-) Wissenschaftler*innen die Fragen auf ihrem Gebiet angehen und welche Lösungen und Ideen sie sehen. Ihre Begeisterung und Motivation wollen wir hier weitergeben.

Bremerhaven, Deutschland   Gerrit Lohmann

Danksagung

Ein herzliches Dankeschön an Anne Wildfeuer, Lukas von Maltitz, Alexandra Haseloff und Stephanie Richters, die das wissenschaftliche Kolleg der Studienstiftung des deutschen Volkes organisiert haben. Das wissenschaftliche Kolleg hat uns ermöglicht, als Gruppe zusammenzukommen, inspirierende Ideen und Gedanken auszutauschen, Freundschaften zu knüpfen und gemeinsam dieses Projekt umzusetzen. Danke, dass Sie uns auf diesem Weg jederzeit bestmöglich unterstützt haben. Der zusätzlich geförderte Besuch der Labore für Eis- und Sedimentkerne des Alfred-Wegener-Instituts und des Klimahauses in Bremerhaven war eine große Bereicherung für uns.

Wir möchten außerdem allen Klimawissenschaftler*innen danken, die sich für das Interview Zeit genommen haben. Danke, dass Sie Ihre Erfahrungen, Einschätzungen und ehrlichen Gedanken mit uns geteilt haben.

Großer Dank gilt auch Gerrit Lohmann vom Alfred-Wegener-Institut, der die Idee für dieses Buch hatte und uns über die Kolleg-Phase hinaus bis zur Fertigstellung des Projekts unterstützt hat. Danke Gerrit, für vier spannende und vielseitige Kolleg Wochen, in denen wir viel Neues gelernt haben.

Ebenso möchten wir unseren Dank an Martin Werner vom Alfred-Wegener Institut aussprechen, der in der ersten Kolleg Woche kurzfristig als AG-Leitung eingesprungen ist. Danke auch an Christian Stepanek vom Alfred-Wegener Institut, für deinen hilfreichen Input im Bereich der Klimamodellierung und den regelmäßigen Austausch.

Einführung

Die Folgen des Klimawandels werden immer deutlicher sichtbar und werden nun regelmäßig in politischen und gesellschaftlichen Debatten diskutiert. Während Klimawissenschaftler*innen schon seit Jahrzehnten vor den (möglichen) Folgen der anthropogenen Treibhausgasemissionen warnen, hat ihr Aufruf zum Handeln erst in jüngster Zeit die Aufmerksamkeit und Dringlichkeit erhalten, die er verdient. Gleichzeitig hat sich das Gebiet der Klimawissenschaft erheblich vergrößert und ist interdisziplinärer geworden. Dank ausgefeilterer Technologien, besserer Datenverfügbarkeit und moderneren Klimamodellen ist die grundlegende Botschaft klarer denn je: Die Auswirkungen menschlicher Aktivitäten auf das Erdklima sind eindeutig, und überall auf der Welt sind bereits schwerwiegende und unumkehrbare Folgen sichtbar. Starke Reduzierungen der Treibhausgasemissionen können das Ausmaß der Erwärmung und ihre nachteiligen Folgen noch begrenzen.

Wir, die Autor*innen dieses Buches, sind eine Gruppe von Studierenden aus verschiedenen naturwissenschaftlichen Fachrichtungen, die ein gemeinsames Interesse an der Klimaforschung verbindet. Im Rahmen eines halbjährlich stattfindenden wissenschaftlichen Kollegs der Studienstiftung des deutschen Volkes hatten wir die Möglichkeit, führende Klimawissenschaftler*innen aus verschiedenen Disziplinen wie theoretischer Physik, Paläoklimatologie und Ozeanographie zu interviewen. Die Themen reichen von den Ursachen und Folgen des Klimawandels über die Rolle der Biosphäre bis hin zu Kippeffekten und der Attributionswissenschaft. Darüber hinaus befassen sich die Interviews mit der politischen Dimension der Klimawissenschaft, einschließlich Überlegungen zum Postkolonialismus und zu feministischen Perspektiven des Klimawandels.

Als Studierende, die einen sinnvollen Beitrag zur notwendigen gesellschaftlichen Transformation in Richtung Nachhaltigkeit leisten möchten, wollten wir erfahren, was es bedeutet, in der Klimawissenschaft zu arbeiten und mit den Menschen in Kontakt zu treten, die dieses Feld gestalten. Unter der Leitung des Klimaphysikers Gerrit Lohmann vom Alfred-Wegener-Institut in Bremerhaven wollten wir ein Buch schreiben, das die Vielfalt der Klimawissenschaft widerspiegelt. Wir wollten nicht nur Forschungsergebnisse präsentieren, sondern auch einen Eindruck von den Menschen hinter der Wissenschaft vermitteln. Die Auswahl der Interviews deckt verschiedene Aspekte der Klimaforschung ab und versucht, Menschen mit unterschiedlichen Hintergründen zu repräsentieren.

Dieses Buch informiert über die wichtigsten Erkenntnisse renommierter Klimaforscher*innen, ihre Ansichten zu aktuellen Herausforderungen und ihre Erwartungen an die Zukunft ihres Fachs. Auf diese Weise können diese Gespräche auch als Inspiration für Studierende dienen, die ihre berufliche Zukunft in der Klimawissenschaft sehen. Die Interviews zeigen, wie vielfältig die Wege in die Klimaforschung sein können und an welchen Fragen gerade gearbeitet wird.

Ganz allgemein ist dieses Buch für alle gedacht, die sich mit den Herausforderungen des Klimawandels befassen und zu den notwendigen Lösungen beitragen wollen. Es soll einen Blick hinter die Kulissen bieten und vermittelt persönliche Einblicke, wie komplex und auch frustrierend die Klimawissenschaft sein kann. Vor allem aber soll es zeigen, was Klimawissenschaftler*innen motiviert und hoffnungsvoll stimmt und wie spannend und inspirierend die Arbeit in diesem Bereich sein kann.

Viel Spaß!

Inhaltsverzeichnis

1 Reto Knutti: „Die Fakten sprechen nicht für sich"   1
Lina Bernert, Lukas Schmitt, Moritz Thies, Marius Schulz und Leonie Röntgen

2 Ruth Cerezo-Mota: „Erkenne deine Vorurteile"   19
Johanna Kinder, Ulrike Richter, Karolin Stiller, Lina Bernert und Moritz Thies

3 Stefan Rahmstorf: „Als Wissenschaftler*innen haben wir eine Verpflichtung gegenüber der Gesellschaft"   41
Julius Mex, Johanna Kinder, Leon Focks und Alexa Beaucamp

4 Nico Wunderling: „Das Klimasystem ist wie eine Reihe von Dominosteinen"   61
Leon Galbas, Maja Maschke und Lena Hilf

5 Tim Palmer: „Letztendlich habe ich beschlossen, etwas Sinnvolles zu tun"   77
Moritz Thies und Pablo Toussaint

6   Axel Kleidon: „Man kann die Erde als eine Zwiebel
    betrachten"   87
    Alexander Saal, Lukas Kalvoda und Arnulf Kung

7   Sandy Harrison: „Pflanzen denken nicht wie
    Physiker*innen"   103
    Lena Hilf und Johanna Schneider

8   Stephan Weber: „Der Stadtkörper beeinflusst die lokale
    Atmosphäre auf viele Arten"   117
    Paule Hainz, Lena Hilf, Lukas Schmitt und Leon Galbas

9   Friederike Otto: „Das Pariser Abkommen ist ein
    Menschenrechtsvertrag"   133
    Karolin Stiller, Marius Schulz, Julius Mex und Ulrike Richter

Glossar   151

Literatur   157

1

Reto Knutti: „Die Fakten sprechen nicht für sich"

Lina Bernert, Lukas Schmitt, Moritz Thies, Marius Schulz und Leonie Röntgen

Zur Person: Reto Knutti (*1973) ist Professor am Departement für Umweltsystemwissenschaften der Eidgenössischen Technischen Hochschule in Zürich (ETH Zürich). Er studierte Physik an der Universität Bern und promovierte über die Wahrscheinlichkeit und Vorhersagbarkeit zukünftiger Klimaveränderungen. Bereits als Postdoc war er einer der

Date of Interivew: February 13, 2023

L. Bernert (✉)
ETH Zürich, Zürich, Schweiz

L. Schmitt
ETH Zürich/IBM-Research, Zürich, Schweiz
E-Mail: schmittlu@phys.ethz.ch

M. Thies
Technische Universität Darmstadt, Darmstadt, Deutschland

M. Schulz
Max-Planck-Institut für Meteorologie, Hamburg, Deutschland
E-Mail: marius.schulz@mpimet.mpg.de

© Der/die Autor(en), exklusiv lizenziert an Springer-Verlag GmbH, DE, ein Teil von Springer Nature 2025
G. Lohmann (Hrsg.), *Klimagespräche*, https://doi.org/10.1007/978-3-662-70420-2_1

Hauptautoren für die Berichte des Intergovernmental Panel on Climate Change (IPCC). Er ist bekannt für seine wissenschaftlichen Beiträge zur Klimamodellierung. Zu seinen Forschungsschwerpunkten gehören unter anderem die Rückführung beobachteter Klimaveränderungen auf menschliche Aktivitäten und Extremwetterereignisse. Darüber hinaus legt Knutti großen Wert darauf, dass seine Forschung einen Mehrwert für die Gesellschaft bringt. Er engagiert sich in der Klimakommunikation und Politikberatung.

Manuel Rickenbacher

Was macht Ihnen an Ihrer Arbeit am meisten Spaß?
Vieles. Wir haben ja mehrere Aufträge: Wir bilden Menschen aus, wir machen Forschung und ich betreibe sehr viel Öffentlichkeitsarbeit bis hin zum Politik-Dialog. In all diesen Bereichen gibt es Dinge, die mir Spaß machen. Zum Beispiel junge Menschen in der Ausbildung zu sehen, die von diesem Thema fasziniert sind, sich von einer Art „Bitte-füttere-mich"-Mentalität zu einer eigenständigen Forschungspersönlichkeit entwickeln und schließlich bereit sind, in dieser Gesellschaft Verantwortung zu übernehmen. In der Forschung macht mir das Knobeln und Tüfteln

---

L. Röntgen
Universität Kopenhagen/Dänisches Meteorologisches Institut,
Kopenhagen, Dänemark
E-Mail: leonie.rontgen@nbi.ku.dk

am meisten Freude, auch wenn man das immer seltener macht, je älter man wird. Der letzte Teil, der mir Spaß macht, ist zu versuchen, die Zahlen und Fakten in eine Form zu bringen, in der die Leute sie a) verstehen, b) interessant finden und dann c), die idealerweise etwas in ihnen bewegt.

Wie haben Sie sich Ihre berufliche Zukunft vorgestellt, als Sie in unserem Alter waren?
Ich habe mir meine berufliche Zukunft nicht ausgemalt. Im Gegensatz zu anderen, die von Anfang an wussten, dass sie am Schluss Wissenschaftler werden wollen, habe ich das nie als Ziel gesehen. Ich habe Physik studiert, weil mich die Physik interessiert hat, aber ich habe nicht gewusst, wo mich das hinführt. Und dann habe ich während der Diplomarbeit gedacht, dass ich etwas machen möchte, das für die Gesellschaft relevant ist.

Die ersten Klimaberichte der UNO in den 90er-Jahren hatte ich nicht unbedingt auf dem Radar. Damals konnte man sich im Vergleich zu heute auch nicht so sehr im Studium spezialisieren. Das geschah erst in der Diplomarbeit. Dass eine Arbeit zur Modellierung ausgeschrieben war, die ich mit meinem Interesse für die Natur – ich bin in den Bergen aufgewachsen – und etwas gesellschaftlich Relevantem verbinden konnte, war Zufall. Ich hätte nie gedacht, wohin das führt.

In meiner Doktorarbeit habe ich mich dann weiter in Richtung Klima vertieft. Danach ging ich ins Ausland, einfach um noch einen anderen Teil der Welt zu sehen. Während dieser Zeit war ich am National Center for Atmospheric Research in Boulder, Colorado. Dort arbeiten 700–800 Leute nur in der Atmosphären- und Klimaforschung, von Chemie bis Wetter über Messtechnik bis hin zur Modellierung – einen besseren Ort gibt es fast nicht. Zu diesem Zeitpunkt hätte ich nie damit gerechnet, dass meine Bewerbung an der ETH zweieinhalb Jahre später erfolgreich sein und ich anschließend an einer Hochschule bleiben würde.

Gab es auf Ihrem Weg entscheidende Momente?
Ja, ich hatte das Glück, in einer sehr guten Gruppe in Bern zu arbeiten. Thomas Stocker (Abteilungsleiter der Klima- und Umweltphysik der Universität Bern in der Schweiz) war als Leitautor im IPCC involviert und das hat schnell zu einer großen Sichtbarkeit geführt. So war ich auch schon als Postdoktorand ein Lead-Autor der IPCC Berichte und damit

viel jünger, als man das typischerweise ist. Das alles führt zu einem großen Netzwerk.

Was haben Sie während Ihrer Zeit in den USA gelernt? Gibt es dort eine andere Mentalität in der Forschung?
Forschung ist grundsätzlich sehr international. Wissenschaftliches Arbeiten ist in den USA nicht bedeutend anders als in Europa. In Asien beispielsweise ist die Forschung aufgrund des hierarchischen Systems etwas anders. Dort wird Menschen in niedrigen Positionen einfach vorgegeben an was sie arbeiten sollen, und diese arbeiten dann auch unglaublich hart und effizient daran. In Asien kannst du deinen Chef nicht hinterfragen. In den USA dagegen ist es völlig okay, wenn du deinem Professor als Masterstudent sagst, dass etwas keinen Sinn ergibt.

Ist Internationalität in Bezug auf eine Karriere in der Wissenschaft wichtig?
Ich glaube schon. Es ist nicht so, dass die Arbeitsweisen wahnsinnig anders sind. Es ist eher die Art und Weise, wie man eine wissenschaftliche Frage angeht. In Bern habe ich in einer Gruppe gearbeitet, die viel mit Paläoklimatologie, Rekonstruktionen und Eisbohrkernen gearbeitet hat. Mit der Zeit denkst du dann so wie dein Betreuer und die Welt ist eine einzige Energiebilanzfrage. In den USA haben alle in hochaufgelösten, räumlichen Mustern wie El Niño gedacht und damit ganz andere Schwerpunkte gesetzt. In der Dynamik betrachtest du alles von einer „potential vorticity"-Perspektive; in Potsdam am Institut für Klimafolgenforschung (PIK) sind Kipppunkte und Planetare Grenzen wichtig; die Ozeanographen sehen nur unter Wasser und dann gibt es noch die Chemiker. Die Welt ist ein kompliziertes System und man muss bei ihrer Beschreibung viel weglassen. Je nachdem, was man weglässt, kommt man auf unterschiedliche Perspektiven.

Was ist denn Ihr Zugang zur Klimaforschung?
Mit der Zeit nimmt man eine breitere Sichtweise an, gerade wenn man ins Ausland geht. Ich persönlich frage vor allem nach Prozessen, Forcing, Feedback, Rückkopplungen und Klimasensitivität im Klimasystem. Eine weitere Frage, der ich nachgehe, ist der Umgang mit Unsicherheiten und

Risiken. In meiner Gruppe ist außerdem jemand, der viel zu extremen Wetter- und Klimaereignissen wie Hitzewellen oder Starkniederschlägen forscht. Dabei brechen wir die Klimaszenarien auch auf die Schweiz, also auf die lokale Ebene, herunter.

Sie haben vorhin angesprochen, dass Sie sehr naturnah in den Bergen aufgewachsen sind. Wie hat Sie das geprägt?
Ich bin ursprünglich in Gstaad aufgewachsen. Im Alter von 15 Jahren habe ich mit dem Bergsteigen, Klettern, sowie mit Ski- und Gletschertouren angefangen. Da war ich nicht nur wahnsinnig nahe an den Elementen, sondern sie haben mich auch wissenschaftlich fasziniert. Dadurch habe ich eine Art Grundbezug zur Natur entwickelt. Mein Onkel hatte auch Kühe auf der Alp, wo wir im Sommer waren. Das hat mich alles stark geprägt.

Sind Sie heute immer noch viel draußen unterwegs?
Ja, soweit es mit zwei Kindern geht. Ich bin nicht mehr so hochalpin wie früher unterwegs, aber wir sind öfter in einer Hütte ohne Strom und fließendes Wasser.

Was macht es mit Ihnen, wenn Sie das Schmelzen der Gletscher sehen und dass es immer weniger Schnee im Winter gibt?
Schwer zu sagen. Man sieht, wie es passiert und denkt sich: Wenn ich hier einen Beitrag leisten kann, um das besser zu verstehen, dann haben wir vielleicht eine Chance, besser damit umzugehen. Das ist das gesellschaftliche *Weiter*. Dann gibt es aber auch die emotionale Diskussion.
[Reto Knutti zeigt ein Bild einer präparierten Ski-Piste auf einer grünen Wiese und ein älteres Bild derselben Piste in einer verschneiten Umgebung.]
An diesem Hang habe ich Skifahren gelernt. Wo man früher noch durch Schnee und Eis gegangen ist, ist einfach nur noch Schutt. Das bewegt etwas in mir, auch wenn es in meiner täglichen Arbeit nicht viel Platz hat. Ich versuche mich dadurch nicht in meiner Arbeit beeinflussen zu lassen oder in meiner Kommunikation zu dramatisieren, aber manchmal habe ich das Gefühl, die Welt geht unter. Ich bin nicht Klimawissenschaftler geworden, weil ich als junger Mensch Greenpeace Aktivist war, aber das bewegt einen dann schon.

Hatten Sie auf Ihrem Weg auch manchmal Zweifel?
Ich habe keine Zweifel. Es war die richtige Entscheidung, diese Arbeit zu machen. Nach 25 Jahren Klimaforschung habe ich immer noch Spaß daran und es gibt weiterhin viel zu tun. Wenn ich mir die gesellschaftliche Entwicklung ansehe, frage ich mich manchmal trotzdem, warum ich das hier überhaupt mache. Wir produzieren Fakten und Zahlen, die Simulationen sind immer besser, aber es folgt keine Veränderung. Und dann denkt man sich: Entweder verstehen es die Leute nicht, oder sie wollen es nicht hören, oder es ist ihnen egal. Dann können wir mit der Forschung aber auch aufhören. Mein Anspruch ist nicht, dass die Forschung entscheidet, was man tun muss. Das ist eine gesellschaftliche Entscheidung und eine politische Abstimmung. Die Forschung muss aber zumindest eine Ausgangslage für die Diskussionen sein. Wenn die Fakten egal sind und jeder seine alternativen Fakten und seine eigene Realität konstruieren kann, muss man sich fragen, ob es die Wissenschaft noch braucht. Da kommen mir manchmal doch ein bisschen Zweifel.

Gibt es ein Forschungsergebnis oder ein Resultat, auf das Sie besonders stolz sind?
Stolz ist der falsche Ausdruck. Ich bin kein Mensch, der stolz ist. Ich habe einfach Freude daran. Aber es gibt Sachen, die richtig Spaß gemacht haben. Zum Beispiel haben wir 2009 mit Susan Solomon gezeigt, dass der größte Teil der Klimaveränderung nicht rückgängig zu machen ist. Selbst wenn wir heute auf Netto-Null Emissionen gehen, bleiben wir im Wesentlichen beim Klimawandel bis heute. Das hat fundamentale Auswirkungen auf die Frage, wie man mit diesen Risiken umgeht. Bei vielen anderen Fragen wie Luftverschmutzung und Wasserqualität kann man es flicken, wenn es schiefgeht. Die Klimaveränderung werden wir nicht mehr flicken können.

Mit Erich Fischer haben wir außerdem Methoden maschinellen Lernens verwendet, um den menschlichen Einfluss auf Extremwetterereignisse und den Klimawandel zu erforschen. Zudem konnten wir den Klimawandel an jedem einzelnen Tag des globalen Wetters nachweisen. Nicht an einem einzelnen Ort, aber wenn man die ganze Welt betrachtet. Heute, morgen, übermorgen, seit 2012 kannst du an jedem einzelnen Tag den Klimawandel aufgrund der räumlichen Muster erkennen. Das sind Sachen, an denen ich Spaß hatte. Ich glaube, es liegt in der Natur des Wissenschaftlers, nicht unbedingt stolz zu sein, man denkt immer gleich an das nächste Projekt und zukünftige Fragen, anstatt an die Vergangenheit.

Sie meinten ja, dass man den Klimawandel anhand von räumlichen Mustern sieht. Also nicht einfach nur aufgrund der Energie, die das Erdsystem enthält?
Nein du kannst von der Weltkarte den Mittelwert abziehen und siehst den Klimawandel immer noch. Das hängt damit zusammen, dass sich das Land mehr erwärmt als der Ozean, die hohen Breiten mehr als die Tropen und es noch viele weitere kleinere Muster gibt. Die Frage ist einfach, wo man hinsehen muss. Im Nachhinein erscheinen die Ergebnisse dann immer trivial.

Was hat sich seit Ihrer Doktorarbeit 2002 bei den Klimamodellen getan?
Es gab eine Revolution. Wir haben ein viel größeres Verständnis davon, wie das Erdsystem funktioniert, auch, weil wir mittlerweile 20 Jahre gezielte Beobachtungen haben. Man muss sich immer überlegen, dass viele Beobachtungen bis zu den 80er-Jahren völlig unsystematisch waren. Niemand hat an den Klimawandel gedacht. Bei den Eisschilden hat man mit der Datenaufnahme erst in den Nullerjahren angefangen. Jetzt haben wir Satellitendaten und damit nicht nur ein viel besseres Prozessverständnis, sondern können die Modelle auch besser konstruieren.

Noch wichtiger ist die Revolution in der Informatik. Als ich angefangen habe, hatte die gesamte Klima- und Umweltphysik-Gruppe, also etwa 40 Leute, etwa 28 Gigabyte Speicherplatz. Heute hat eine Powerpoint-Präsentation schon mehr als ein halbes Gigabyte. Und dann sind da die ganzen Programmiersprachen. Früher gab es nur Fortran. Wenn man eine Grafik machen wollte, gab es die Grafikbibliothek NK Graphics Library in Fortran. Für einen einfachen Linien-Plot benötigte man eine Fortran Routine mit 500 Zeilen, heute ist das eine Zeile. Vielleicht ist es schwer zu fassen, was sich alles geändert hat mit der Digitalisierung, zum Beispiel auch der Zugang zu Daten und Literatur. Ich fühle mich nicht alt, aber früher gingen wir jeden Freitag in die Bibliothek, haben das Journal of Physical Oceanography durchgeblättert, sind dann zum Kopierer gegangen und haben interessante Artikel kopiert.

Waren die Klimamodelle damals besser zu durchschauen, weil sie weniger komplex waren? Oder sind die Klimamodelle heute aufgrund der besseren Darstellungsmöglichkeiten der Ergebnisse verständlicher?
Es gibt immer noch ein Spektrum von unterschiedlichen Modellen. Es ist nicht so, dass man aufgrund der höheren Rechenkapazität heutzutage nur noch komplexe, hochaufgelöste Modelle benutzt. Für gewisse Fragestellungen betrachtet man weiterhin einfache Energiebilanz-Modelle. Die sind heute nicht viel anders als das, was Gerald North und Tom Wigley vor 30 Jahren gemacht haben. Die einfachen Modelle sind nicht ausgestorben, aber bei den komplexen ist sehr viel mehr möglich geworden und sie stimmen in vielen Bereichen immer besser mit der Realität überein. Der Nachteil an den komplexen Modellen ist, dass sie sehr schwer zu verstehen sind, weil sie unglaublich viele Freiheitsgrade haben. Es gibt eigentlich niemanden mehr, der jeden Teil eines Modells versteht.

Glauben Sie, das ist ein Problem?
Nicht zwingend, aber man muss Strukturen schaffen, die das auffangen. Früher gab es in einer Institution eine Person, die den ganzen Code zusammengehalten hat. Dieses Mastermind hinter dem Code gibt es nicht mehr. Derjenige, der die Landmodellierung macht, muss darauf vertrauen, dass der Rest des Modells funktioniert. Das braucht viel mehr Koordination und Absprachen und limitiert das kreative Spielen. Viele Softwarekomponenten programmiert man heute nicht mehr selbst. Die ganze Numerik wird von der Physik abgeschottet.

Sind fehlende Observationen die Hauptlimitation von Klimamodellen?
Fehlende Daten waren bis 1990, 2000 ein Problem. Heute haben wir in vielen Bereichen extrem gute Beobachtungen, aber keine Langzeitbeobachtungen. Zum Beispiel gibt es für Niederschlagswerte vor 1950 keine Daten.

Bei den hochauflösenden Modellen müssen wir noch zwischen Prozesskomplexität und High-Resolution unterscheiden. Prozesskomplexität ist das Verstehen der einzelnen Faktoren wie Permafrost und Eisschilde. Das andere ist einfach eine hohe räumliche Auflösung, um die Dynamik besser zu repräsentieren. Bei den hochaufgelösten Modellen ist die Limitation vor allem eine technische Frage. Es fehlt immer noch ein Faktor hundert oder so, um eine globale Simulation mit einem Kilometer Auflösung zu bekommen. Außerdem glaube ich nicht, dass sich mit einer höheren Auflösung durch mehr Rechenleistung alle Probleme lösen, auch wenn diese sicherlich hilfreich ist.

Woran arbeiten Sie gerade, um die Modellierung besser zu machen?
An vielen Dingen. Wir versuchen Extremszenarien wie Hitzewellen, Starkniederschläge oder Trockenheiten sowie deren Auswirkungen im Kontext nationaler und europäischer Klimaszenarienzu simulieren. Zudem arbeiten wir an der Modellevaluation, das heißt, wir untersuchen, welches Modell für welche Fragestellung geeignet ist. Wir arbeiten auch an dem sogenannten Pattern-Effekt, der beschreibt, dass sich der Pazifik momentan anders erwärmt, als von den Modellen vorhergesagt. Entsprechend stellt sich die Frage, ob diese Abweichung zufällig oder systematisch ist.

Sie haben 2009 den Kommentar „The end of model Democracy" geschrieben. Darin meinten Sie, dass sich die Genauigkeit der Modelle zwar verbessert, aber auch immer mehr Aspekte berücksichtigt werden, sodass die Unsicherheiten gleich groß bleiben. Stimmt das immer noch oder hat sich das mittlerweile verändert?
Für die Bandbreite der Modelle ist es tatsächlich so, dass die Unsicherheiten über eine lange Zeit kaum abgenommen haben. Früher haben wir zum Beispiel die ganze Landoberfläche als Parkplatz modelliert. Heute gibt es komplexe Landmodelle mit Gräsern und Bäumen. Dadurch vergrößert sich das mögliche Modellverhalten natürlich deutlich. Bei bestimmten Größen kommen wir aber auch an den Punkt, an dem wir Unsicherheiten reduzieren. Zum Beispiel ist die Unsicherheit der vorhergesagten Temperatur-Szenarien bis Ende des Jahrhunderts heute kleiner als noch vor 10 oder 20 Jahren, weil wir gewisse extreme Fälle aus-

schließen können. Für andere Größen wie Trockenheit oder Niederschlag sind die Unsicherheiten dagegen immer noch relativ groß.

Im IPCC Bericht werden die Unsicherheiten häufig mit Energiebilanz-Modellen berechnet. Wo liegen die Stärken dieser einfachen Modelle?
Einerseits sind sie konzeptionell sehr einfach zu verstehen: Die Differenz der ein- und ausgehenden Energie bildet die Temperaturerhöhung, das ist die grundlegende Energieerhaltung. Zudem ist die Anzahl der unsicheren Größen wie der Strahlungsantrieb, Rückkopplungseffekte oder die Albedo begrenzt, das heißt, man kann die Unsicherheiten systematisch bestimmen. Bei komplexen Modellen geht das aufgrund der eingeschränkten Rechenkapazität und Datenmenge nicht.

Einfache Modelle können an komplexeren Modellen kalibriert werden und anschließend ein Emissionsszenario in einer hundertstel Sekunde durchrechnen. Außerdem kann man mit dem einfachen Modell nicht nur drei oder fünf Szenarien, sondern vielleicht 30.000 durchrechnen.

Sie arbeiten gerade an regionalen Klimadienstleistungen für die Schweiz und forschen allgemein zum Thema Extremwetter. Sehen Sie da die Zukunft der Klimaforschung?
Ich glaube, dass es immer Leute geben wird, die an den Grundlagen weiterarbeiten werden. Je genauer diese Modelle werden, desto eher haben sie einen Nutzen für gesellschaftliche Entscheidungen im Bereich der Anpassung an den Klimawandel. Mit der globalen Temperatur kann der Bauer im Limmtertal nichts anfangen. Aber wenn du die Wahrscheinlichkeit für Frost im April und deren Veränderung berechnest, dann hilft ihm das. Wir müssen die Modelle so trainieren, dass wir diese relevanten Größen auslesen können.

Neben der Berechnung dieser Klimadienstleistungen ist die Kommunikation genauso schwierig. Damit die Klimadienstleistungen einen Nutzen haben, ist es entscheidend, dass die Leute diese sehen, verstehen und anwenden. So ähnlich war es auch mit der Wettervorhersage: Wir haben aus technischer Sicht 40, 50 Jahre gebraucht, um eine gute Wetterprognose zu entwickeln. Ebenso lange haben wir gebraucht, um die Menschen dazu zu bringen, dass sie verstehen, was die Wetterprognose liefern kann und was nicht. Heute weiß der Landwirt, dass er beim Heumachen bessere Entscheidungen trifft, wenn er vorher im Wetterbericht checkt, wann es regnet. Die Entscheidungskette ist von der Feuerwehr bis zu den Krisenstäben, den Gesundheitseinrichtungen und dem Ministerium im Falle von Extremwetterereignissen völlig durchgetaktet. Und obwohl es heutzutage viel mehr Menschen gibt, sterben immer weniger Menschen aufgrund von Naturgefahren, weil wir gelernt haben, mit diesen Risiken zu leben und sie besser vorauszusagen.

Ähnlich ist es auch bei Klimadienstleistungen: Wir tragen die Berechnungen bei, aber die Frage, wie das Produkt zum Endkunden kommt und wie dieser entscheidet, ist eine ganz andere.

Werden die Forschungsergebnisse der Klima-Adaption auch schon tatsächlich angewendet?
Das hängt vom Bereich ab. Die Hydrologie ist beispielsweise sehr quantitativ und hat ihre Extremwertstatistiken lange mit dem Referenzzeitraum 1960–2000 berechnet. Das ist jedoch fatal, weil das System jetzt ein ganz anderes ist. Deshalb werden die Extremwertstatistiken inzwischen laufend mit den neuesten Daten und Zukunftsszenarien der Extremwert-Verteilung ergänzt. Dagegen stehen in der Land- und Forstwirtschaft die Entscheidungswege, beispielsweise wer wo etwas anpflanzt, noch ganz am Anfang. Der Gesundheitssektor wurde durch die Hitzewellen sensibilisiert. Auch die Hochwasser haben das gesellschaftliche Bewusstsein für Klimaanpassung geschärft. Für die Umsetzung werden jedoch Leute gebraucht, und die muss man zuerst finden.

Noch präzisere Klima-Modelle haben also nicht nur einen wissenschaftlichen, sondern auch einen gesellschaftlichen Mehrwert?
Auch hier schließen sich beide Sachen nicht aus: wir könnten mit dem, was wir wissen, schon sehr viel weiter in der Mitigation und Adaption sein. Gleichzeitig heißt das nicht, dass wir mit besseren Voraussagen nicht noch mehr tun können. Wir können zum Beispiel Photovoltaikanlagen auf den Dächern montieren. Trotzdem ist es hilfreich, wenn sich noch jemand Gedanken macht, wie wir den Wirkungsgrad weiter erhöhen können, sodass dasselbe Panel in Zukunft zum gleichen Preis die 1,5-fache Menge an Strom produziert. Ich glaube daher, dass es immer Leute in der

Grundlagenforschung braucht, auch wenn der Nutzen der Ergebnisse vielleicht noch unbekannt ist.

Heute arbeite ich deutlich näher an der Praxis als früher, weil ich das Gefühl habe, dass ich so mehr bewirken kann. Wir haben kein Wissens-, sondern ein Handlungsproblem. Hierbei wäre die Übersetzungsleistung von der Theorie in die Praxis dringend notwendig, aber niemand fühlt sich wirklich zuständig dafür. Die Ämter haben beschränkte Kapazitäten und für Consulting gibt es zu wenig Geld. Auch die Hochschulen sind eigentlich nicht zuständig dafür. So bleibt viel von dem Wissen liegen.

Wir hatten Sie gebeten, Ihre Lieblingsgrafik mitzubringen. Könnten Sie sie kurz beschreiben?
Auf der Grafik sind zwei Epidemiologen zu sehen und da sagt der eine zum anderen: „…solange wir den Menschen die Fakten vorlegen…". Die Klimaforscher im Hintergrund lachen sich schlapp. Ich verwende das in jedem Vortrag. Da starte ich immer zuerst mit der Faktenauslegung, wir kennen die Szenarien, wir wissen von Netto-Null und dann zeige ich das und frage: „So, und warum geht's nicht?". Es ist nicht so, dass die Klimaforscher intelligenter sind als die Virologen. Die Klimaforscher haben einfach in über 20 oder 30 Jahren gelernt, dass aus den Fakten nicht zwingend politische Entscheidungen und gesellschaftliche Handlungen folgen. Man sagt ja manchmal: „die Fakten sprechen für sich", aber die Fakten sprechen eben nicht für sich. Es gibt die Fakten und dann gibt es die Frage, wie man auf die Fakten reagiert, beziehungsweise wie man von den Fakten zu Entscheidungen kommt. Diese Frage beschäftigt mich neben meiner ganzen Klimaforschung zurzeit am meisten, ebenso wie die Frage, welche Rolle die Wissenschaft und die Zahlen, die diese liefert, in der Debatte spielen.

Was würden Sie sagen, was kann und soll Wissenschaft leisten und was nicht?
Früher habe ich wie viele gedacht, dass es eine strenge Teilung gibt: die Wissenschaft liefert Zahlen und die Politik entscheidet. Das ist das Motto vom IPCC „policy relevant, never policy prescriptive" – das funktioniert jedoch nicht. Die Klimawissenschaft kann heute gar nicht mehr un-

politisch sein. Wenn ich zum Beispiel sage: „Die Schweiz muss ihren Ausstoß an CO_2 reduzieren und sie tut heute nicht genug dafür" dann ist das eine völlig wissenschaftliche Aussage, basierend auf dem Paris Agreement, das die Schweiz unterzeichnet hat. Gleichzeitig ist die Aussage total politisch, weil sie der Politik vorschreibt, dass sie etwas tun muss. Wie sie dieses Ziel erreicht, kann die Wissenschaft der Politik nicht vorschreiben. Daraus entsteht ein Spannungsfeld. Das Problem hierbei ist, dass Politik und Wissenschaft in vielen Ländern ungenügend miteinander sprechen und nicht optimal zusammenarbeiten.

Ich denke also, dass die Wissenschaft Teil von Entscheidungsprozessen sein muss, an denen auch Vertreter aus der Politik, Wirtschaft, Lobbyisten und Verbänden sowie Umweltschutzorganisationen beteiligt sind. Wenn die Wissenschaft die Zahlen nicht interpretiert, dann werden die Zahlen im politischen Prozess von anderen interpretiert. Die Wissenschaft ist neutraler und unparteiischer als alle anderen und darf diese Interpretationen vornehmen. Dabei müssen wir aber auch eine Geschichte erzählen und erklären, was die Zahlen bedeuten. Diese Erklärung ist immer ein wenig subjektiv.

Hat sich die Klimawissenschaft in den letzten 30 Jahren Ihrer Meinung nach aus dem Diskurs zu weit zurückgehalten?
Vielleicht nicht zu weit, aber sie hat sich sicher über lange Zeit relativ bescheiden verhalten. Der IPCC war eine dieser Stoßrichtungen, bei denen die Regierungen gesagt haben: „Wir wollen wissenschaftliche Berichte, aber bitte never policy prescriptive". Deshalb findest du in diesen tausend Seiten IPCC-Bericht nie eine Aussage, was besser ist oder was schlechter ist, du kannst nicht einmal das schlechteste Szenario rot einfärben. Die junge Generation hat das dann so verinnerlicht.

Sie haben bei der IPCC Konferenz in Stockholm 2013 mitverhandelt, dass das CO_2-Budget im Bericht bleibt. Können Sie uns Ihre Eindrücke von der Konferenz schildern? Wie viel wird tatsächlich rausgestrichen?
Es wird ganz selten etwas rausgestrichen. Ich kann mich nur an zwei Fälle erinnern: Zum einen wurde in Arbeitsgruppe 3 des IPCC, die sich mit Minderungsoptionen beschäftigt, die Unterscheidung zwischen Industrie-

nationen, Entwicklungs- und Schwellenländern herausgenommen, weil man den Eindruck hatte, dass dies der politischen Debatte nicht dienen würde.

In Arbeitsgruppe 1, die die physikalischen Grundlagen behandelt, wurde bisher kaum etwas herausgestrichen. Eine Ausnahme bildet hier das Wort „pre-industrial", das im fünften Bericht der Arbeitsgruppe 1 herausgestrichen wurde. Im Glossar heißt es „pre- and post-industrial are defined somewhat arbitrarily as before and after 1750" („vor- und postindustriell werden etwas willkürlich als vor und nach 1750 definiert"). Da „Industrialisierung" irgendwann mal mit der Erfindung der Dampfmaschine 1750 definiert wurde, war unser Versuch, die Erwärmung von 1850 bis 1900 als „vorindustriell" festzulegen, erfolglos. Da sich die meisten Klimaziele auf „vorindustrielle" Werte beziehen, wurde so vermieden, den Zeitraum 1850 bis 1900 als Referenzniveau der Klimaziele festzulegen.

Die angesprochene Grafik des CO_2-Restbudgets haben wir in der letzten Nacht der Konferenz von zehn Uhr abends bis vier oder fünf Uhr morgens verteidigt. Sie zeigt den Temperaturanstieg in Abhängigkeit von kumulativen CO_2-Emissionen und ermöglicht damit den Rückschluss auf ein CO_2-Restbudget je nach Temperaturziel. Den Ländern China, Saudi-Arabien und Brasilien war das zu politisch. Interessanterweise waren der Temperaturanstieg und die Entwicklung der CO_2-Emissionen in zwei getrennten Abbildungen kein Problem, in einem Plot ging das aber nicht. Andere Akteure wie die EU wollten aber, dass die Grafik rein kommt. Alles andere war bereits bekannt. Aber diese Erkenntnis, wie CO_2 und Temperatur voneinander abhängen und dass daraus ein Netto-Null für Emissionen folgt, das war neu. Aus diesem Grund war es am Ende ein Tauziehen zwischen den Ländern.

Wie haben Sie es geschafft, die entsprechenden Länder trotzdem zu überzeugen?

Die Frage ist, was die Regierungen gegen dich tun können: Zum einen können sie versuchen, zu kritisieren, dass die Grafik nicht stimmt und es eine Schwäche in deinen Analysen gibt; das heißt, sie kritisieren, dass du wissenschaftlich nicht sauber genug gearbeitet hast. Wir haben also Stunden damit verbracht, zu rechtfertigen, was gemacht wurde und warum. Entsprechend ist der Bericht voller Seiten mit Erklärungen.

Außerdem können sie sagen, dass deine Berechnungen unvollständig seien. Manchmal kommt auch: „Das ist für meine Regierung nicht relevant", „Ich kann es meinem Minister nicht erklären", oder „Es hat keine praktische Signifikanz". Dann muss man einfach fachlich und freundlich bleiben und es weiter versuchen zu erklären.

Wie stehen Sie zu friedlichem Klima-Aktivismus und zivilem Ungehorsam?
Ich habe viel darüber gelesen und nachgedacht, auch wenn es nicht meine Forschung ist und ich glaube, es gibt keine klare Antwort. Die Aktionen generieren eine sehr hohe Aufmerksamkeit und rütteln wach, das ist völlig klar und es braucht diese Diskussion auch. Wenn man etwas Extremes fordert, erscheinen weniger extreme Sachen plötzlich ganz okay; das Spektrum der Diskussion verschiebt sich. In diesem Sinne glaube ich, dass Klima-Aktivismus seine Berechtigung und Wirkung hat.

Die Gefahr ist aber, dass die Diskussion polarisiert und die Gesellschaft noch mehr spaltet. Dann sind diejenigen, die eh schon dafür sind, einfach noch mehr dafür. Und ich kenne viele Leute, zum Beispiel gehören meine Eltern und Großeltern dazu, die mit „Fridays for Future" mitgegangen sind. Es war fröhlich, es war positiv, es war inklusiv. Aber seitdem es ins Radikale gegangen ist, sagen sie: „Mit denen will ich nichts zu tun haben". Durch die Radikalisierung verliert die Strömung an Breite.

Ich beteilige mich nicht an diesen Sachen. Wenn andere das tun, dann dürfen sie das, das ist mir egal. Als Wissenschaftler sehe ich das aber problematisch. Ich kann nicht neutral-objektiv und offen sein, mit Leuten aus allen Parteien sprechen und mich gleichzeitig auf die Straße kleben.

Sie haben einmal in einem Interview das Zitat von Daniel Kahneman gebracht, „No one ever made a decision because of a number".[1] Welche Geschichte zu den Zahlen würden Sie einem Klimakritiker erzählen?
Die Fakten sprechen nicht für sich, sondern stehen immer in einem gesellschaftlichen, politischen, ökonomischen Kontext. Wie man anhand der Fakten entscheidet, ist eine Frage von Prioritäten, von Werten, von persönlicher Überzeugung und von den Meinungen der Menschen, die

---

[1] („Niemand hat je aufgrund einer Zahl eine Entscheidung getroffen")

uns nahe stehen. Wir kaufen einen Ferrari, weil die Nachbarn auch einen Ferrari haben. Menschen entscheiden selten aufgrund von Zahlen, sondern eher danach, was sie gesehen oder gelesen haben und cool finden. Wie die Geschichte, die Menschen überzeugt, aussieht, ist nicht so einfach. Es können ganz viele verschiedene Geschichten sein, erzählt von verschiedenen Menschen. Vielleicht lässt du dich von der Ferrari-Geschichte ansprechen, jemand anderes lässt sich vielleicht von Elektromobilität und der Photovoltaik-High-Tech Geschichte überzeugen. Eine andere Person, Letzte Generation oder wer auch immer, wird sich vielleicht durch eine Frage von Gleichheit und Fairness überzeugen lassen.

Die Frage war aber, welche Geschichte man einem Klimaskeptiker erzählt... vergiss es. Verschwende deine Zeit nicht damit, Menschen, die aus ideologischen Gründen nicht an den Klimawandel glauben, überzeugen zu wollen. Das bringt nichts. Das ist eine Kollision von Weltanschauungen und Identitäten.

Wie gehen Sie mit den Anfeindungen um, die Sie erhalten? Haben Sie manchmal Angst, dass Sie auf der Straße blöd angeredet werden?
Ich lese diese Anfeindungen und lege sie dann auf den Stapel dort hinten.

[Er holt einen dicken Stapel von Briefen, die er über die Jahre gesammelt hat. Die Briefe sind teilweise auch per Hand oder Schreibmaschine geschrieben oder bestehen aus einer Bildcollage.].

Die meisten Menschen würden mir das, was sie schreiben, niemals ins Gesicht sagen. Dass man auf der Straße angesprochen wird, daran muss man sich gewöhnen. Das passiert mir etwa alle ein bis zwei Wochen – im Lebensmittelladen, auf der Bergwanderung, vom Fahrkartenkontrolleur. Die meisten Menschen, die mich ansprechen, sind solche, die sich für das Thema interessieren und wahrscheinlich viel gelesen haben oder mein Bild irgendwo gesehen haben. Einige kommen dann auf mich zu und wollen wirklich mehr wissen. Negative Erfahrungen mache ich eher selten.

Ich habe aber auch das Gefühl, dass sich die Debatte geändert hat. Vor fünf bis zehn Jahren galten die Klimaforscher noch als linksgrüne Barfußläufer und Spinner. Die Klimaskeptik war wahnsinnig prominent. Heute ist es anders. Diejenigen, die nicht glauben, dass es den Klimawandel gibt, sind eine Minderheit, die ausstirbt. Der Diskurs dreht sich mittlerweile viel mehr um die Regeln und Kosten, also darum, wie wir das

Netto-Null-Ziel erreichen können. Dass wir das es erreichen müssen, ist praktisch jedem klar. So hat die EU mit „Fit for 55" zum Beispiel wahnsinnig ambitionierte Ziele.

Was könnten Sie sich vorstellen, woran Sie in 10 oder 15 Jahren arbeiten werden?
Es gibt verschiedene Richtungen. Der Fortschritt der Technologie wird Dinge ermöglichen, die wir heute nicht können – vor allem in der Grundlagenforschung. Außerdem werden wir die Klimadienstleistungen noch viel weiter entwickeln – ähnlich wie wir es mit der Wetterprognose gemacht haben, von der heute alle wissen, dass es sie gibt und dass sie einen direkten Nutzen hat. Die Fragestellungen werden sich zudem interdisziplinärer entwickeln. Zum Beispiel berücksichtigen die heutigen Energieexperten nicht, welche klimatischen Extreme in 20 Jahren möglich sind.

Ich werde wahrscheinlich weiterhin an der Schnittstelle von Wissenschaften, Politik und Öffentlichkeit arbeiten. Klar bilden wir als Hochschule Menschen aus und schaffen die Grundlagen. Dennoch finde ich die Frage nach der Rolle von Wissenschaft, Hochschulen und des Wissenschaftlers als Person in der gesellschaftlichen Landschaft absolut zentral. Außerdem muss die Wissenschaft bei entscheidenden Fragen unserer Gesellschaft mehr leisten, um diesen Herausforderungen gerecht zu werden. Dazu gehören Gesundheit, Digitalisierung, die ganze Umwelt und Nachhaltigkeit.

Stimmt Sie auch etwas euphorisch, wenn Sie auf die Forschung und gesellschaftliche Entwicklung blicken?
Ich weiß nicht, ob ich euphorisch sein kann. Die letzten 20, 30 Jahre schien alles aufwärts zu gehen. Es gab Wirtschaftswachstum, Demokratien waren selbstverständlich und allen ging es wunderbar – auf den ersten Blick wurde alles besser als früher. Die letzten Jahre haben uns allerdings gezeigt, dass die Zukunft nicht einfach eine Verlängerung der Vergangenheit ist, sondern dass sie manchmal auch völlig disruptiv ist. Krisen sind nicht irgendein Hirngespinst, sondern real und wir sind verdammt schlecht darauf vorbereitet. Auf fast alles. Und es ist nicht so, dass man es nicht gewusst hätte. Das zeugt von einem mangelnden Eifer, mit komplexen Fragen und Informationen umzugehen.

Es gibt viele Bestrebungen der Politik, sich besser auf Krisen vorzubereiten, mit der Wissenschaft zusammenzuarbeiten und vorausschauend zu planen, um nicht blind in die nächste Katastrophe rein zu laufen. Die Warnungen der letzten Jahre waren ausreichend. Ob es uns aber wirklich gelingt, weiß ich nicht. Die Krisen sind auch schnell wieder vergessen. Ich hoffe aber, dass wir aus den letzten Jahren ein bisschen gelernt haben und systematischer an den Klimawandel herangehen. Das Gefährlichste wäre abzuwarten und nichts zu tun.

Neben der Klimaforschung versuche ich Leute zu finden, die helfen, diesen Prozess zu gestalten. Es wird kein einfacher Weg und es ist auch nicht klar, wer verantwortlich ist und zahlt. Das ist ein laufender, aber auch spannender Prozess, weil man mit Politik, Wirtschaft und anderen Stakeholdern in Kontakt kommt. Das ist ein bisschen wie Schachspielen.

Was würden Sie jungen Leuten mitgeben, die sich für den Klimawandel interessieren?
Versucht mit eurem persönlichen Verhalten einen Beitrag zu leisten. Das gilt natürlich nicht nur für die jungen Leute. Ich glaube, jeder Mann und jede Frau kann in seinem täglichen Leben wahrscheinlich 20–30 Prozent seines Fußabdrucks verkleinern, indem man ein bisschen weniger dumm ist, ein bisschen weniger Auto fährt, ein bisschen weniger tierische Produkte isst oder weniger fliegt.

Zugleich bin ich aber auch davon überzeugt, dass wir das Problem nicht allein über individuelle Verantwortung lösen können. Wir haben noch kein solches Problem in der Vergangenheit mit individueller Verantwortung oder spontanen technischen Innovationen gelöst. Nie. Von Abfall zu Abwasser, zur Luftqualität, zum Ozonloch bis hin zur Pandemie. Diese Probleme wurden immer über verbindliche Regeln gelöst. Man muss das gesamtgesellschaftliche System so aufbauen, dass es einfach und attraktiv für Leute wird, sich zu ändern. Oder man muss es ihnen vorschreiben.

Ihr könnt euch stark machen und dafür einsetzen, dass dieser politische Rahmen entsteht und dass diese systematischen Fragen diskutiert werden. Also seid aktiv. Sich einbringen kann jeder. Wenn ganz viele mithelfen mitzugestalten, dann wird es wahrscheinlich besser, als wenn alle einfach alleine denken. Also bringt euch ein und engagiert euch dort, wo ihr es wichtig findet.

2

Ruth Cerezo-Mota: „Erkenne deine Vorurteile"

Johanna Kinder, Ulrike Richter, Karolin Stiller, Lina Bernert und Moritz Thies

Zur Person: Dr. Ruth Cerezo-Mota ist eine aus dem Bereich der Ozeanographie kommende Klimawissenschaftlerin, die sich auf regionale Klimamodelle spezialisiert hat. Sie promovierte 2009 an der University of Oxford über Mechanismen, die den Niederschlag im nordamerikanischen

---

Date of Interivew: April 25, 2023

J. Kinder (✉)
Universität Würzburg, Würzburg, Deutschland

U. Richter
University of Copenhagen, Kopenhagen, Dänemark

K. Stiller
TU Berlin, Berlin, Deutschland
E-Mail: karolin.stiller@mps3.de

L. Bernert
ETH Zürich, Zürich, Schweiz

M. Thies
Technische Universität Darmstadt, Darmstadt, Deutschland

© Der/die Autor(en), exklusiv lizenziert an Springer-Verlag GmbH, DE, ein Teil von Springer Nature 2025
G. Lohmann (Hrsg.), *Klimagespräche*, https://doi.org/10.1007/978-3-662-70420-2_2

Monsun bestimmen. Seit 2014 ist sie Wissenschaftlerin an der Universidad Nacional Autónoma de México (UNAM). Im sechsten Sachstandsbericht der Arbeitsgruppe eins des Intergovernmental Panel on Climate Change (IPCC) war sie Hauptautorin in Kapitel acht zu Veränderungen im Wasserkreislauf.

Ruth Cerezo-Mota

Was hat Ihr Interesse an der Klimawissenschaft und Ozeanografie geweckt?
Als ich etwa 13 Jahre alt war und nur Mexiko-Stadt kannte, studierte der Bruder meiner besten Freundin Ozeanographie, was nur in Ensenada angeboten wurde. Als er am Ende des Semesters mit einer Algensammlung zurückkam, war ich total fasziniert von der Vielfalt der Algen, die von grün bis prächtigen Rosatönen reichten und sowohl weich als auch hart waren. Also habe ich meinen Bachelor in Ozeanographie gemacht. Die Universität liegt direkt an der Küste, so dass man zwischen den Vorlesungen an den Strand gehen kann. So toll! Da die Betreuerin meiner Masterarbeit, Tereza Cavazos, mit Klimamodellen arbeitete, habe ich mich in meiner Abschlussarbeit nicht mit dem Ozean beschäftigt, obwohl ich im Master-Studium Physikalische Ozeanographie studiert hatte. Seitdem arbeite ich mit regionalen Klimamodellen und untersucheNiederschlags- und Temperatur-Extreme sowie Dürren. Ich weiß wirklich nicht, warum ich Ozeanographin werden wollte, aber es hörte sich so wunderbar und magisch an – und das war es auch; ich bereue es nicht und ich glaube nicht, dass ich glücklich gewesen wäre, wenn ich etwas anderes studiert hätte. Alles begann mit „Oh, ich möchte die Algen anfassen".

Gab es Wendepunkte in Ihrem Leben und Ihrer Karriere?
Als ich mein Masterstudium begann, wollte ich etwas mit dem Meer machen. Meine Bachelorarbeit hatte mit El Niño zu tun und ich wollte diese Art von Forschung fortsetzen. Aber dann lernte ich Tereza Cavazos kennen. Sie kam gerade von einer Postdoktorand*innenstelle zurück, ich war ihre erste Studentin. Für mich war das ein Schlüsselpunkt in meiner Geschichte, weil sie mich so sehr unterstützte und immer Zeit für mich hatte. Sie war meine akademische Mutter und betreute mich nicht nur in beruflichen, sondern auch in persönlichen Dingen. Auch heute noch ist sie die erste Person, mit der ich spreche, wenn es eine Herausforderung in meiner Arbeit gibt. Wir sind wirklich enge Freundinnen geworden. Ich werde sie sogar in meinem nächsten Urlaub besuchen. Ich weiß nicht, ob sie damit gerechnet hatte, als sie mich als Studentin annahm. Dafür bin ich ihr sehr dankbar, denn ich glaube, sie hat mich zu vielen Dingen ermutigt, die ich ohne sie nicht getan hätte. Die zweite wichtige Rolle spielte der IPCC. Am gesamten sechsten Sachstandsbericht waren 20 Mexikaner*innen beteiligt, aber ich bin die einzige in Arbeitsgruppe eins. Und ich bin nicht nur die einzige Mexikanerin, sondern auch die einzige überhaupt aus Mittelamerika. Als der Bericht im Jahr 2021 veröffentlicht wurde, erhielt ich deshalb viel Aufmerksamkeit und wurde eingeladen, Interviews zu geben und vor verschiedenen Zuhörer*innen über die Ergebnisse zu sprechen. Bevor ich mich mit euch getroffen habe, habe ich zum Beispiel eine Präsentation bei Scientist Rebellion über verschiedene Klimaszenarien gehalten.

Hatten Sie irgendwelche persönlichen Zweifel an Ihrer Arbeit?
Als ich jung war, war ich wirklich gut im Auswendiglernen. Ich war deshalb immer selbstbewusst, vielleicht nicht süß oder schön oder so, aber ich war die Kluge – bis ich meine Bachelorarbeit fertig hatte. Das Komitee bestand aus ein paar Machos, die mich furchtbar behandelten. Irgendwann sagte mir einer von ihnen, meine Arbeit sei schrecklich und eine Beleidigung für jede*n Ozeanographen*in auf der ganzen Welt. Wie konnte ich es wagen, ihnen diese Arbeit zum Lesen zu geben? Selbst wenn ich dumm wäre, sollte ich doch wenigstens versuchen, mein Bestes zu

geben. Das hat mich völlig zerstört; ich habe mein ganzes Selbstvertrauen verloren. Jedes Mal, wenn ich ein Angebot bekomme, zum Beispiel beim IPCC mitzuarbeiten, höre ich immer noch die Stimme dieses Mannes in meinem Kopf, der mir sagt: „Du bist nicht gut genug. Du wirst scheitern." Das geschah vor 20 Jahren und ich kämpfe immer noch gegen diese Stimme an. Sie hat mich gebrochen.

Was für ein Arschloch.
Ich weiß. Es war wirklich frustrierend, denn als er all diese Dinge sagte, war ich sprachlos. Ich war nicht einmal in der Lage, ihn zur Rede zu stellen und ihm zu sagen, dass ich nicht dumm bin. Stattdessen fing ich an, vor ihm zu weinen. Das war ein schrecklicher Moment. Als ich meine Promotion in Oxford abgeschlossen hatte, wollte ich in sein Büro gehen und es ihm zeigen. Leider ist er vorher gestorben, sodass ich das nicht tun konnte (*lacht*).

Wie haben Sie Ihr Selbstvertrauen zurückgewonnen? Was hat Ihnen die Kraft gegeben?
Zur gleichen Zeit, als diese eine Person alles in mir zerbrach, fand ich Tereza, und sie unterstützte mich, egal was passierte. Wenn man jemanden findet, der*die an dich glaubt, reicht das aus, um sich auf die guten Dinge zu konzentrieren. Wenn ich seine Stimme in meinem Kopf höre, wird sie von der von Tereza übertönt. Außerdem sind meine Mutter und meine Schwester immer für mich da gewesen, sie waren mein Fels. Wann immer ich zögere, sagen sie mir, dass ich es schaffen kann und „wir sind bei dir und glauben an dich." Ich denke, wenn man Unterstützung findet, auch wenn es nur ein bisschen ist, dann reicht das schon. Und du solltest versuchen, nicht auf die dunkle Seite zu hören. Du bist gut genug.

Was wäre Ihrer Meinung nach notwendig, um eine feministische (Klima-)Wissenschaft zu etablieren?
Ich denke, wir brauchen Repräsentantinnen. Die Wissenschaft im Allgemeinen ist eine sehr männerdominierte Welt, insbesondere die Naturwissenschaften. Als ich am IPCC teilnahm, gab es mehrere Frauen in Führungspositionen, wie Valérie Masson-Delmotte und Carolina Vera als Co-Vorsitzende, sowie einige andere wie Ko Barrett und Thelma Krug.

Sie gingen mit gutem Beispiel voran, nicht auf herablassende Weise. Sie haben allen zugehört und jeder Stimme Gehör geschenkt. Es herrschte eine Atmosphäre des Respekts und der Gleichberechtigung. Für mich war es sehr wichtig, bei ihnen zu sehen, wie wir uns als Frauen in der Wissenschaft verhalten sollten. Ich hoffe wirklich, dass ich ihrem Beispiel folgen kann; sie sind meine Vorbilder.

Was müsste sich Ihrer Meinung nach in der wissenschaftlichen Welt ändern, damit mehr Frauen forschen können?
Ich denke, der Kampf gegen geschlechtsspezifische Vorurteile in der wissenschaftlichen Welt muss in den Schulen und zu Hause beginnen. Es sollte keinen Unterschied geben zwischen dem, was Jungen und Mädchen tun können. Unabhängig vom Geschlecht sollte es jedem*r selbst überlassen bleiben, ob er*sie mit Puppen oder mit Autos spielen will; beides ist in Ordnung. Außerdem muss diese Art von „Frauen können dies und jenes nicht tun" verschwinden. Wir können tun, was wir wollen. Ich meine, wir sind nicht besser, aber eben genauso fähig wie Männer. Und ich denke, dass Repräsentation in jeder Hinsicht wichtig ist – Farbe, Geschlecht und wie man sich identifiziert. Es ist wichtig, weil man erkennt: „Okay, wenn sie es kann, kann ich es auch, oder?" Ich hoffe, dass wir mehr Frauen in die Wissenschaft bringen und es dann ganz normal sein wird. Niemand müsste mehr fragen, warum ich hier bin; das Geschlecht würde keine Rolle spielen. Man ist ein*e Forscher*in, unabhängig davon, mit welchem Geschlecht man sich identifiziert.

Starke Worte. Sie haben bereits mehrere Aspekte Ihrer Forschung erwähnt. Gibt es bestimmte Ergebnisse, auf die Sie besonders stolz sind?
Nun, um ehrlich zu sein, ist es nicht MEINE Forschung, auf die ich besonders stolz bin. Ich betreue derzeit eine junge Frau, Marta Rodríguez-González, die in ihrer Doktor*innenarbeit über Hitzewellen ein Tool namens selbstorganisierende Karten, eine Art maschinellen Lernens, verwendet. Viele Jahre lang wollte ich damit arbeiten. Aber als Forscher*in hat man so viel zu tun, dass kaum Zeit bleibt, neue Dinge zu lernen. Deshalb habe ich ihr vorgeschlagen, mit diesem Tool zu arbeiten. Ich wusste nicht, wie man es benutzt, aber sie sagte: „Okay, ich mache es", und sie lernte es. In ihrer Arbeit analysierte sie die atmosphärischen Muster, die

die Hitzewellen hier in Yucatan begünstigen. Es ist grundsätzlich sehr heiß hier, aber wenn wir eine Hitzewelle haben, ist es noch schlimmer. Man hat das Gefühl, in der Hölle zu sein. Ihre Arbeit kann dem Wetterdienst helfen, Hitzewellen im Voraus zu erkennen. Hoffentlich wird unser Manuskript bald veröffentlicht, denn ihre Ergebnisse sind sehr gut. Die Idee ist, dass wir oder jemand anderes die Ergebnisse auch für andere Klimaphänomene und andere mexikanische Regionen nutzen können.

Wie definieren Sie, als Forscherin im Bereich regionaler Klimamodelle, Klimaregionen? Warum ist es wichtig, diese kleineren Regionen zu definieren, um das gesamte Klima zu verstehen?
Genau, regionale Klimamodelle sind nur für eine kleine Region definiert. Sie werden vor allem aus zwei Gründen verwendet: Erstens, weil sie eine hohe Auflösung haben. Bis vor zehn Jahren hatten globale Modelle eine Auflösung von etwa 50 km, wodurch kleinräumige Umweltprozesse nicht erfasst wurden. Ein regionales Modell erreicht dagegen eine wirklich hohe Auflösung, etwa indem man ein Modellgitter mit einer Maschenweite von einem Kilometer benutzt. Dadurch kann das Modell kleinskalige und lokale Prozesse explizit auflösen.

Zweitens gibt es nur sehr wenige Institutionen, die über globale Modelle verfügen, weil es sehr komplex ist, solch ein Modell zu erstellen, und es zudem sehr viel Rechenleistung erfordert. Wir Menschen im globalen Süden verfügen möglicherweise nicht über diese Rechenleistung. Daher bieten regionale Klimamodelle die Möglichkeit, Simulationen auf dem eigenen Laptop laufen zu lassen und mit weniger Rechenaufwand Experimente für die eigene Region durchzuführen. Das ist auch der Hauptgrund, warum ich während meines Masterstudiums begonnen habe, mit regionalen Klimamodellen zu arbeiten. Damals gab es nur etwa drei regionale Klimamodelle; ich habe mit MM5 gearbeitet. Mir hat es sehr gut gefallen, in Prozesse hineinzoomen zu können, die von globalen Modellen nicht berücksichtigt werden. Seitdem habe ich mit regionalen Klimamodellen gearbeitet, hauptsächlich für Mexiko. In meiner Doktor*innenarbeit ging es zum Beispiel um die Monsunregenfälle in Westmexiko. Als ich nach Yucatan zog, begann ich, mich mit den lokalen Regenfällen und Hitzewellen hier zu beschäftigen. Das ist das Schöne an regionalen Klimamodellen. Man kann dieselbe Methodik problemlos in einem anderen Gebiet anwenden, auch wenn man nicht über viele Ressourcen verfügt.

Kann man auch großräumige Phänomene wie den Monsun, den Sie während Ihrer Doktor*innenarbeit untersucht haben, in regionale Klimamodelle einbeziehen? Wie kombinieren Sie diese beiden unterschiedlichen Skalen?
Für ein regionales Klimamodell definiert man zuerst das Gebiet, z. B. Mexiko. Als Nächstes müssen die Rand- und Anfangsbedingungen angegeben werden. Diese Informationen über die Gebietsgrenzen stammen von großskaligen, globalen Modellen oder Analysen. Außerdem gibt es eine Zone, die sogenannte Pufferzone, in der der Übergang zwischen den verschiedenen Auflösungen stattfindet. Dann kann man das Modell mit seinen Iterationen und Gleichungen laufen lassen. Alle Modelle, ob regional oder global, lösen einen Satz von sechs oder sieben Gleichungen, die als primitive Gleichungen bezeichnet werden. Das sind die grundlegenden Gleichungen, die man lösen muss, um Wetter- und Klimavorhersagen machen zu können. So funktioniert es: Globale Modelle werden in die Randgebiete der Region eingebunden und das regionale Modell löst dann Gleichungen für jeden Zeitschritt und jede Gitterzelle.

Warum ist der Niederschlag ein wichtiger Aspekt regionaler Klimamodelle?
Niederschlag ist die Existenzgrundlage für Leben. Niederschlag versickert im Boden, bildet Grundwasser und versorgt Pflanzen mit Wasser. Vor meinem Masterstudium wusste ich nicht, dass das ein so komplexer Prozess ist. Ich dachte, es gibt eine Wolke, die wird dunkel, und voilà, fängt es an zu regnen. Tatsächlich braucht es aber eine Menge mehr für Niederschlag. Das Problem mit dem Klimawandel ist, dass sich die Saisonalität der Niederschläge verschiebt, wenn nicht sogar völlig verändert, weil wir alles verändern. So treten die Niederschläge jetzt häufiger in Extremen auf: Anstatt über die ganze Regenzeit gleichmäßig verteilt regnet es an nur wenigen Tagen, oder es regnet sehr viel auf einmal. Regnet es innerhalb kurzer Zeit sehr viel, kann der Boden das Wasser nicht vollständig

aufnehmen und die Grundwasserleiter werden nicht mehr wie früher aufgefüllt. Stattdessen nimmt der Oberflächenabfluss zu, was zu Überschwemmungen und mehr Verdunstung führt. Die globale Erwärmung verändert die Niederschlagsmuster und damit auch alle anderen Prozesse und Komponenten des globalen Wasserkreislaufs. Deshalb ist es wichtig zu verstehen, wie und warum es zu dieser Niederschlagsveränderung kommt, wie sie sich weiter verändern wird und welche Auswirkungen das haben wird. Wenn wir über Ernährungssicherheit sprechen, sprechen wir eigentlich über Wassersicherheit, denn wir brauchen Wasser für die Bewässerung. Niederschläge stehen mit allem in Verbindung.

In Ihrer Lieblingsgrafik, die Sie heute mitgebracht haben, geht es ebenfalls um Veränderungen im Wasserkreislauf. Warum haben Sie diese Grafik gewählt?
Die Abbildung ist Teil der FAQ des achten Kapitels im Sechsten Sachstandsbericht (AR6) des IPCC. Ich habe die Antwort zusammen mit meiner Freundin und Kollegin Paola Arias aus Kolumbien verfasst. Ich bin sehr stolz auf unsere Arbeit, denn es hat viel Zeit gekostet, eine so komplexe Frage in einer einfachen, aber nicht vereinfachten Sprache auf nur einer Seite zu beantworten. Nachdem wir einen ersten Entwurf der Antwort fertig geschrieben hatten, versuchte eine Person aus der Wissenschaftskommunikation ihn weiter zu verbessern, und dann ging es hin und her, bis wir zufrieden waren.

Gleichzeitig mussten wir eine Abbildung erstellen, die unseren Text begleitet. Wir verwendeten viele Pfeile, die überall hinführen, um viele Informationen zu vermitteln. Die Abbildung war ziemlich chaotisch und wurde dann von einem Designer mit wissenschaftlichem Hintergrund zu dieser finalen Fassung nachbearbeitet. Ich bin sehr zufrieden damit, da es nicht die typische Skizze des Wasserkreislaufs ist, in der Regenfälle zu Flüssen führen, die von den Bergen in die Ozeane fließen, wo Verdunstung und erneut Niederschlag stattfinden. Stattdessen wollten wir den Wasserkreislauf mit all seinen Prozessen und komplexen, direkten und indirekten Beziehungen darstellen. Es fiel uns schwer, diese Idee zu vermitteln, aber die fertige Abbildung veranschaulicht sehr gut, wie alles zusammenhängt: Wenn man eine der Komponenten auf einer der Skalen verändert, wirkt sich das auf alles andere aus – ein Gleich gewichtskreislauf (siehe Grafik).

FAQ 8.1: Welche Auswirkungen haben Landnutzungsänderungen auf den Wasserkreislauf?
Die Veränderung von Landnutzung wirkt sich in vielerlei Hinsicht auf den Wasserkreislauf aus, woraus Folgen für den gesamten Kreislauf entstehen.

Landnutzungs-änderungen und Folgen

- Versiegelung in Städten
- Bodenfeuchte
- Aerosole
- Wasserentnahme
- Vegetation
- Globale Erwärmung

Auswirkungen auf den Wasserkreislauf

- Niederschlag
- Abfluss
- Versickerung
- Grundwasser
- Oberflächenverdunstung
- Pflanzentranspiration

Abbildung aus dem IPCC AR6: FAQ 8.1 (Douville et al. 2021)

Landnutzungsänderungen und ihre Folgen für den Wasserkreislauf. Da alle Komponenten des Wasserkreislaufs eng miteinander verbunden sind, wirken sich Veränderungen in einem Aspekt des Kreislaufs auf fast den gesamten Kreislauf aus. Übersetzte Abbildung aus IPCC AR6: FAQ 8.1

Welche sind die wichtigsten Aspekte, die die Wasserverfügbarkeit auf lokaler Ebene beeinflussen und verändern?

Abgesehen von der Verantwortung, alle Treibhausgasemissionen zu verringern, wirkt sich die Landnutzung unmittelbar auf die Niederschlagsbildung aus. Zum Beispiel brauchen wir Vegetation, um die Regenzeit aufrechtzuerhalten. Würde man auf der gesamten Yucatan-Halbinsel die Vegetation etwa im Zuge von Abholzung entfernen, gäbe es zwar immer noch Niederschläge durch tropische Wirbelstürme, aber keine Regenzeit mehr. Selbst wenn man die entfernte Vegetation durch eine andere Art von Vegetation ersetzen würde, würden sich die Rückkopplungsmechanismen zwischen Vegetation, Boden und dem Wasser, das in den oberen Metern des Bodens gespeichert wird, verändern. Ganz zu schweigen vom Asphalt, der die Infiltration von Wasser in den Boden vollständig verhindert und zu wärmeren Temperaturen führt.

Was ist derzeit die größte Wissenslücke bei der Modellierung von Niederschlägen in regionalen Klimamodellen?
Wie ich vorher beschrieben habe, lösen alle Modelle eine Reihe von Gleichungen. Trotzdem bekommen wir unterschiedliche Lösungen je nach Modell. Ein Grund dafür sind Unterschiede in den numerischen Verfahren. Ein anderer Grund ist die Parametrisierung, die es ermöglicht, Umweltprozesse implizit, also ohne Gleichungen im Modell zu beschreiben. Auf diese Weise kann man die Komplexität der verschiedenen Wechselwirkungen zwischen den beteiligten Prozessen in regionalen und globalen Modellen bewältigen. Das große Problem dabei ist, dass diese Parametrisierungen an Orten wie Europa oder den Vereinigten Staaten erstellt wurden. Auch wenn die Physik grundsätzlich dieselbe ist wie in hohen Breitengraden oder den Tropen, sind es die Prozesse und damit die Parametrisierungen nicht.

Zum Beispiel steht Yucatan im Sommer unter dem Einfluss von Passatwinden, die Staub-Aerosole aus der Sahara mitbringen, während im Winter Kaltfronten aus den USA marine Aerosole wie Salze nach Yucatan transportieren. Aerosole sind wichtig für Niederschlag, da Wasserdampf zum Kondensieren die Oberfläche eines Partikels benötigt. Dieser Prozess hängt jedoch stark von der Größe und den Eigenschaften des einzelnen Aerosols ab. Per Zufall habe ich herausgefunden, dass ein Kollege von mir, Dr. Luis Ladino, Daten über diese Aerosole gesammelt hat. Diese Daten von Luis nutzt zurzeit ein Doktorand, Salvador Castillo Liñan, um die Parametrisierung unseres regionalen Modells zu verbessern. Die Tatsache, dass wir mit Daten speziell für Yucatan arbeiten, ist jedoch auch der Grund, warum unser Modell nicht unbedingt in einer anderen tropischen Region funktionieren wird. Wir werden also immer lokale Forschung brauchen, die von Menschen vor Ort durchgeführt wird.

Was ist Ihr übergeordnetes Ziel für Ihre Forschung? Was wollen Sie erreichen?
Ich hoffe, dass wir zumindest für bestimmte Gebiete die numerischen Modelle verbessern können, damit die operationellen Wetter-Zentren in Mexiko bessere Vorhersagen auf saisonaler Ebene erstellen können. Damit wollen wir Unsicherheiten verringern und hoffen, dass politische

Entscheidungsträger*innen fundiertere Entscheidungen treffen. Wenn es zum Beispiel darum geht, warum wir eine bestimmte Grünfläche, wie einen Wald oder den Dschungel, erhalten müssen, muss es Informationen über deren Bedeutung für unser Überleben geben – die Grünfläche ist nicht einfach nur grün und schön zu haben. Ich hoffe, dass wir Ergebnisse erzielen, die dazu beitragen, das katastrophalste Klimaszenario hier in der Region zu vermeiden. Am Ende eines Forschungsprojekts versuche ich die Ergebnisse den politischen Entscheidungsträger*innen zu präsentieren, damit sie zumindest wissen, dass es Informationen gibt und dass sie sich an mich wenden können. Das ist das eigentliche Ziel: das Wissen zu erweitern und fundierte Entscheidungen zu treffen.

Wir haben gesehen, dass Sie auf Ihrem X-Account politische Beiträge geteilt haben. Was funktioniert in der mexikanischen Klimapolitik derzeit gut und was nicht?
Nach unserem letzten Regierungswechsel stellte sich heraus, dass der neue, vermeintlich linke Präsident Lòpez Obrador eigentlich sehr rechts ist. Obwohl er in keiner der Debatten seiner Kampagne über den Klimawandel gesprochen hatte, versprach er mehr finanzielle Mittel für Wissenschaft, Bildung und Gesundheit. Doch seit er Präsident ist, hat er dem Militär viel Macht und Kontrolle übertragen. Statt die Mittel für Wissenschaft, Technologie und klimabezogene Katastrophen wie Wirbelstürme aufzustocken, wurden sie gekürzt, und es gibt keine Informationen darüber, wohin das Geld jetzt fließt. Es gibt also keine transparente Rechenschaftspflicht und viel Korruption.

Erst letzte Woche kündigte die Regierung Pläne zur Schließung von 18 staatlichen Einrichtungen an, da es angeblich Überschneidungen von Aufgaben gäbe und sie daher nicht mehr benötigt werden würden. Darunter befinden sich zum Beispiel Institutionen wie die technischen Abteilungen des Umweltministeriums, das Nationale Institut für Ökologie und Klimawandel und die mexikanische Institution für Wasser. Diese Institutionen erhalten Förderungen für Projekte zur Eindämmung und Anpassung an den Klimawandel sowie für die Erhebung und Bereitstellung von Daten zu Emissionen, Wasser und Luft. Das sind exklusive Daten, die ich zur Validierung meiner Forschung benötige. Es hat so viele Jahre gedauert, all diese Institutionen aufzubauen und das Vertrauen in ihre

Arbeit zu gewinnen – warum wollen sie jetzt alles schließen? Wir wissen, dass wir vor einer Klimakrise stehen, und um Entscheidungen zu treffen, sind wir auf alle Informationen angewiesen, die wir bekommen können. Ich glaube, dass sich niemand vorstellen konnte, dass es noch schlimmer werden könnte, denn wir waren bereits am Tiefpunkt angelangt, was Korruption, Gewalt und die Probleme der Drogenkartelle in Mexiko angeht. Lòpez Obrador hat uns allen das Gegenteil bewiesen: Es kann noch schlimmer werden.

Ist der Klimawandel ein Thema, das in der mexikanischen Öffentlichkeit viel diskutiert wird?
Als Reaktion auf die Maßnahmen der Regierung sind viele Bewegungen und Kollektive entstanden, die offene Räume schaffen, um über den Klimawandel und seine Auswirkungen zu sprechen. Ich glaube, für die meisten Menschen heißt über den Klimawandel zu sprechen, über Eisbären zu sprechen: „Oh ja, das ist sehr traurig, sie werden sterben, aber sie sind weit, weit weg. Es ist uns egal." Aber das ist nicht der Fall. Die Probleme liegen noch nicht einmal in der Zukunft. Die Krisen finden schon heute statt. Wir sind bereits jetzt mit den Auswirkungen des Klimawandels, wie etwa mehr Wetterextremen, konfrontiert und es wird noch schlimmer werden, wenn wir jetzt nichts unternehmen. Aber es gibt auch viele Menschen, die versuchen, diese Idee zu teilen.

Letzte Woche wurde ich als Teil einer Gruppe eingeladen, um der Regierung ein 40-seitiges Handbuch zu präsentieren. Dieses Handbuch enthält Informationen aus den IPCC-Berichten und wurde ins Spanische übersetzt. Es ist sehr vereinfacht geschrieben und sehr auf Mexiko bezogen. Es enthält auch Strategien, wie man als Bürger*in vorgehen kann, wenn man etwas Illegales beobachtet. Möchte man zum Beispiel mit einer Klage gegen illegale Abholzung oder Verschmutzung vorgehen, befindet sich in dem Buch eine Anleitung, wie man eine Beschwerde bei den Behörden einreichen kann, so dass diese gezwungen sind, sich vor Ort zu begeben und zu untersuchen, ob etwas Unrechtmäßiges geschieht. Das Dokument ist sehr schön gestaltet und enthält viele Grafiken, denn wir wollen, dass alle Menschen Zugang zu diesen Informationen haben, nicht nur Akademiker*innen. Wir alle sind Teil des Problems des Klimawandels, nicht nur die politischen Entscheidungsträger*innen. Daher müssen wir auch alle Teil der Lösung sein. Die einzige Möglichkeit dazu besteht darin, das Wissen und das Know-how zu haben, um etwas zu tun.

Wie können wir unser Wissen über den Klimawandel nutzen, um den Wandel in der Gesellschaft tatsächlich umzusetzen?
Ich habe das große Glück, viele Gelegenheiten gehabt zu haben, um über den Klimawandel zu sprechen. Einerseits stelle ich Informationen zur Verfügung, die zeigen, dass wir handeln müssen, indem wir zum Beispiel weniger Fleisch konsumieren und Lebensmittel retten oder von den Regierungen verlangen, dass sie ihren Pflichten nachkommen. Auch wenn wir das Problem nicht lösen können, versuche ich immer, mit einer positiven Bemerkung zu schließen, dass es Hoffnung gibt.

Als wir den eben genannten Bericht fertigstellten und wegen der COVID-19-Pandemie in unseren Häusern eingeschlossen waren, wurde ich depressiv, konnte nicht arbeiten und war kurz davor, meinen Job zu kündigen. Ich war nicht in der Lage, meinen Computer anzuschalten und E-Mails zu beantworten, weil mir schwindlig und übel war. Irgendwann hatte ich 666 ungelesene E-Mails. Ich konnte nichts tun, diese Gefühle haben mich gelähmt. Als sich drei meiner Kolleg*innen unabhängig voneinander bei mir meldeten und fragten, ob es mir gut gehe und ob ich noch lebe, fühlte ich mich schlecht, weil sie sich Sorgen machten. Das hat mich irgendwie wachgerüttelt und ich begann wieder mit meiner Arbeit. Später erzählte mir eine dieser drei Kolleg*innen, dass sie sich ähnlich gefühlt hatte. Ihre Motivation war dafür zu sorgen, dass die Entscheidungsträger*innen nicht die Ausrede hatten, nichts gewusst zu haben. Das ist unser Beitrag, so klein er auch sein mag. Auf diese Weise bekämpfen wir den Klimawandel. Seitdem habe ich mir versprochen, dass ich, wann immer man mich einlädt, über den Klimawandel zu sprechen, dies tun werde, denn das ist das, was ich tun kann.

Gibt es ein Ergebnis Ihrer Arbeit, das besonders zum Kampf für Klima und Natur beigetragen hat?
Meine Student*innen und ich forschen dazu, welche Bedeutung Grünflächen auf der Yucatan-Halbinsel für Niederschläge haben und wie sie

dort einen unbegrenzten Temperaturanstieg verhindern können. Aktuell entfernt die Regierung viel Vegetation, um eine neue Zugstrecke, den Tren Maya, zu bauen. Das zerstört das Ökosystem, da viele Arten nicht mehr von einer Seite der Bahnlinie auf die andere gelangen. Als die Regierung mit diesem Projekt begann, versprach sie, keinen einzigen Baum zu fällen, was jedoch unmöglich war, wie wir wussten. Inzwischen, zwei Jahre nach Beginn der Arbeiten, hat die offizielle Zahl der gefällten Bäume drei Millionen erreicht. Aktivist*innen und Kollektive, die dieses Projekt überwachen, sprechen von zehn Millionen gefällten Bäumen. Das führt unmittelbar zu mehr Hitze. Der Beitrag meiner Forschung besteht darin, zu zeigen, dass Projekte wie der Tren Maya keine Probleme lösen, sondern in kürzester Zeit viele Probleme schaffen.

Warum will die mexikanische Regierung dieses Projekt realisieren?
Zum Hintergrund: Alle Genehmigungen für den Bau der Bahnlinie wurden direkt an ein privates Unternehmen namens Vidanta vergeben, ohne dass eine öffentliche Ausschreibung stattfand. Dieses Unternehmen hat dem derzeitigen Präsidenten während seines Wahlkampfes viel Geld gespendet. Wir wissen nicht einmal, wie viel Geld sie jetzt für dieses Projekt erhalten. Die Regierung vergibt auch viele Genehmigungen an das Militär, das gerade inmitten eines Reservats ein selbstverwaltetes Hotel baut. Der Präsident tut Vidanta und dem Militär einen Gefallen, damit sie ihn beschützen, falls bei einem Regierungswechsel etwas passiert. Zumindest sehe ich keinen anderen Grund für das, was er tut.

Wie zeigen die Menschen in Mexiko ihren Protest?
Das Problem ist nicht die Zugtrasse selbst, sondern dass mit dem Bau begonnen wurde, ohne vorher eine saubere Machbarkeitsstudie durchzuführen. Die Yucatan-Halbinsel ist verkarstet und hat einen besonders kalkhaltigen und porösen Boden. Der Boden kann daher das Gewicht eines Zuges nicht tragen und ist an einigen Stellen der Trasse bereits eingesackt. Viele Aktivist*nnen und Kollektive auf der Halbinsel laden die Menschen ein, gemeinsam zu einer besonders problematischen Stelle im Dschungel bei Tulum zu gehen. Dort kann man die Abholzung und die Verschmutzung des Grundwassers durch das Auffüllen des Bodens mit

Beton sehen. Es gibt auch viele bekannte Persönlichkeiten, die sich gegen dieses Projekt einsetzen. Zudem gibt es Demonstrationen in Mexiko-Stadt und viele X-(vormals Twitter)-Posts, um zu zeigen, was passiert. Es ist wichtig, diese Region und die Stauseen zu erhalten, um auf Yucatan weiter leben zu können. Andernfalls wird es zu weitreichenden Folgen für das ganze Land kommen, zum Beispiel durch Migration.

Wie sind Sie zum Aktivismus gekommen?
Ich habe nicht damit gerechnet, eine Sprecherin zum Thema Klimawandel zu werden. Die Organisation des Übereinkommens gegen grenzüberschreitende organisierte Kriminalität der Vereinten Nationen hatten mich mal zu einer Podiumsdiskussion über den illegalen Handel von Wildtieren eingeladen, um den Klimawandel physikalisch zu erklären, da dieser die Situation von Wildtieren zusätzlich verschärft. Unter den anderen Redner*innen war auch ein junger Klimaaktivist namens Aurelien. Er lud mich daraufhin zu weiteren Diskussionsrunden ein und nahm mich in einen WhatsApp-Chat mit anderen Aktivist*innen auf. Ich betrachte mich definitiv nicht als Aktivistin, aber ich bin sehr froh, dort zu sein, weil ich mich mit dem, was sie tun, identifiziere und mich freue zu helfen, wo ich kann.

Wie kann die internationale Gemeinschaft Ihrer Meinung nach die Aktivist*innen an vorderster Front in Mexiko unterstützen?
Das Schlechte und das Gute an unserem derzeitigen Präsidenten ist, dass er, wie Bolsonaro und Trump, beliebt sein will – der Geliebte, der Auserwählte, der Führer. Und wenn sich Demonstrationen wie jene gegen den Tren Maya in Ländern wie Großbritannien und Deutschland wiederholen, wird er sich gedrängt fühlen, zumindest so zu tun, als würde er etwas tun. Das wäre schon ein winzig kleiner Sieg. Auf diese Weise kann die internationale Gemeinschaft Druck auf die Regierung ausüben. Des Weiteren bieten soziale Netzwerke wie X (vormals Twitter) eine gute Möglichkeit für Aktivist*innen, Kontakte zu knüpfen, Informationen auszutauschen und Menschen zu treffen oder zu folgen, mit denen sie sich verbunden fühlen. Leider werden die sozialen Netzwerke aber auch von Klimaleugner*innen missbraucht, um Falschinformationen zu verbreiten und Menschen wie hochrangige Klimawissenschaftler*innen zu

schikanieren. Fake News scheinen sich viel leichter herumzusprechen als gut recherchierte Nachrichten. Man muss einfach vorsichtig sein und versuchen, eine vertrauenswürdige Informationsquelle zu finden, beziehungsweise die Informationen so weit wie möglich überprüfen.

Wir haben bereits über die politische Dimension der Wissenschaft gesprochen. Auf welche Weise schafft der Postkolonialismus Ungerechtigkeiten in der globalen wissenschaftlichen Gemeinschaft?
Eine Sache ist die Zusammenarbeit mit Menschen aus dem globalen Norden, die nach Mexiko, Lateinamerika oder Afrika kommen. Sie nutzen uns, um das gewünschte Wissen zu erlangen, kehren dann aber in ihre Länder zurück und veröffentlichen die Ergebnisse, ohne uns große Anerkennung zu schenken – oft werden wir nicht mal als Autor*innen genannt. Ich war mal in einem Projekt involviert, das von der britischen Regierung finanziert wurde mit der Bedingung, dass je ein*e Hauptwissenschaftler*in aus Mexiko und dem Vereinigten Königreich beteiligt ist. Obwohl ich den Antrag geschrieben hatte, erschien das Projekt im Lebenslauf des britischen Wissenschaftlers, ohne dass mein Name oder unsere Zusammenarbeit erwähnt wurden. Keine Erinnerung, keine Anerkennung, nichts. Es gibt noch weit schlimmere Beispiele als das Verschweigen der Urheberschaft wie die Behandlung von Personen als Untergebene. Das geschieht wahrscheinlich nicht absichtlich, sondern aufgrund unbewusster Vorurteile, die wir alle haben. Wir müssen uns dieser Vorurteile bewusst sein, daran arbeiten und uns gegenseitig als gleichwertig behandeln.

Ein weiterer Punkt ist die Arbeitsweise des IPCC. Literatur, die nicht in englischer Sprache verfasst ist, wird nicht für den Bericht bewertet, egal wie gut sie ist. Selbst für Leute wie mich, die von der Grundschule an Englisch gelernt haben, kann es eine Sprachbarriere geben. Dazu kommt die systematische Voreingenommenheit: Um reviewt zu werden, muss man es sich leisten können, einen Artikel zu veröffentlichen, der z. B. in der Nature Zeitschrift circa 10.000 Dollar kostet. Natürlich kann nichts aufgenommen werden, das nicht reviewt wurde. Es muss eine Möglichkeit geschaffen werden, nicht-englische Forschung in die Bewertung einzubeziehen, denn wir müssen die Menschen vor Ort ernst nehmen. Wir wollten zum Beispiel eine bestimmte Grafik für den nordamerikanischen Monsun erstellen, die zeigt, wie stark sich die Niederschlagsregime in den einzelnen Regionen verändern. Im ersten Entwurf unserer Grafik umfasste die Ausdehnung des Monsuns ganz Mexiko und Mittelamerika, was falsch ist. Ich habe wissenschaftliche Studien vorgelegt und die Abbildung wurde ohne Probleme angepasst. Dann hat sich jedoch jemand aus dem Vereinigten Königreich, der sich auf den indischen und den globalen Monsun spezialisiert hat, per E-Mail eingemischt und behauptet, dass ich falsch liege und die von mir vorgeschlagene Region zu klein sei. Wir begannen, E-Mails mit mehreren Personen im CC auszutauschen. Dort verwies ich auf meine Arbeit über den Monsun während meiner Promotion und versuchte, ihn zu überzeugen, obwohl ich nur fünf Arbeiten veröffentlicht hatte und er 100. Er sagte, dass wir mit unserer Meinung falsch liegen würden, weil wir statt selber zu forschen US-Daten verwenden würden, die sich nicht auf Mexiko beziehen. Das machte mich wirklich wütend. Zum Glück unterstützte mich ein*e Kollege*in aus meinem Kapitel und schickte ihm 50 Arbeiten über den nordamerikanischen Monsun als Beweis. Ein*e andere*r Kollege*in aus Kolumbien bat ihn, sich auf die Wissenschaft zu konzentrieren, was bedeutet, sich zu informieren, bevor man sich eine Meinung bildet. Solche Dinge passieren in der akademischen Welt. Wenn man als Person aus dem globalen Süden nicht genug Veröffentlichungen hat, zählt deine Forschung nicht.

Was könnte getan werden, um Forscher*innen aus dem globalen Süden zu unterstützen?

Die akademische Welt kann ein sehr schwieriges Umfeld sein, aber ich denke, dass man, wie jede*r andere auch, seine eigenen Vorurteile respektieren muss. Als es in meiner Arbeitsgruppe des IPCC ein paar Probleme gab, beauftragte die Co-Vorsitzende ein Unternehmen, das sich darauf spezialisiert hat Vorurteile wie Rassismus, Sexismus oder das Herabschauen auf junge Menschen abzubauen. Sie hielten viele Vorträge und Workshops und trafen sich mit jedem*r von uns persönlich. Und natürlich habe ich selbst auch einige unbewusste Vorurteile – jede*r hat sie. Aber das müssen wir uns erst einmal eingestehen, damit wir es ändern und bessere Menschen werden können. Wenn man das geschafft hat, kann man ein Vorbild für andere sein und sie auf ihr Fehlverhalten aufmerksam machen.

Sie haben erwähnt, dass Sie die einzige Mittelamerikanerin in der ersten Arbeitsgruppe des IPCC waren. Was waren Ihre größten Herausforderungen auf persönlicher Ebene?
Ich denke, dass jede*r eine große Verantwortung trägt. Da ich aber die einzige Mittelamerikanerin war, fühlte ich mich besonders unter Druck gesetzt, es gut zu machen, auch wenn mir das niemand aufgetragen hatte. Wann immer es ein Problem in Bezug auf meine Region gab, zum Beispiel wenn bei einer Abbildung eine Information fehlte, fühlte ich mich dafür verantwortlich, mich darum zu kümmern. Wäre eine andere Person von hier dabei gewesen, wäre es eine geringere Belastung gewesen, denn ich kann nicht alles wissen, nicht einmal über Mexiko. Um ein kurzes Beispiel zu geben: Das regionale Faktenblatt ist eines der Aufklärungsdokumente, die am Ende jedes Berichtes erstellt werden. Es enthält eine Zusammenfassung für Nordamerika, Mittelamerika, Europa, Asien, Afrika und so weiter. Wir arbeiteten jedoch schon seit geraumer Zeit an einer noch kleineren Unterteilung der Regionen, sodass ich erst beim endgültigen Dokument bemerkte, dass Mexiko diagonal in zwei Teile geteilt war. Der Norden und Westen gehörten zu Nordamerika, der Südosten zu Mittelamerika. Mexiko musste aber als Ganzes dargestellt werden, weil die Politiker*innen sonst das Material für zwei Regionen herunterladen müssten, um ein Land zu sehen. Es war ein wirklich schwieriger Prozess, das zu erreichen, da viele Autor*innen aus den USA nicht wollten, dass Mexiko zu ihrer bereits recht großen Region gehört. Am Ende, nach vielen E-Mails, in denen ich dankenswerterweise Unterstützung erhielt, musste der IPCC eingreifen und entscheiden, dass Mexiko als Ganzes dargestellt werden sollte, entweder als Teil Nordamerikas – ob es den USA nun gefällt oder nicht – oder als eigene Region. Die Tatsache, dass mir das nicht vorher aufgefallen ist, hat mich sehr betroffen gemacht. Ich glaube, das war Teil eines unbewussten Vorurteils. Ich muss mich daran erinnern, dass ich nicht alle Entscheidungen selbst treffen muss. Ich hätte auch meine Kolleg*innen in Mittelamerika fragen können.

Was sind Ihrer Meinung nach die Schwachstellen in der Organisation des IPCC?
Meiner Meinung nach gibt es zwei Schwachstellen. Die erste ist die Definition des IPCC als eine „neutrale" Institution. Der IPCC ist sehr politisch und demokratisch. Alle Entscheidungen müssen einvernehmlich

getroffen werden, was gut ist, weil man dann auf alle hören muss. Eine Entscheidung kann aber nicht neutral sein, denn neutral sein ist auch eine Position, da man sich entscheidet, nichts zu tun. Wir müssen uns aber für eine Seite entscheiden – die Seite der Wissenschaft. Wir müssen etwas sagen, wenn wir auf den Klimakonferenzen (COP) sind. Wir müssen den Regierungen sagen, dass wir nicht noch mehr Ölfelder ausbeuten können und so weiter. Letztendlich sind wir nicht die Besten, aber wir sind über verschiedene Themen am besten informiert, weil wir so viel gelesen haben. Außerdem haben wir die Plattform, etwas zu sagen. Wir können also angesichts dieser Krise, in der wir leben, nicht mehr neutral sein.

Die andere Sache, die sich ändern muss, ist die Aufteilung in drei Arbeitsgruppen. In einer früheren Phase des IPCC war das sinnvoll, aber jetzt muss alles miteinander verbunden werden. Ich denke, der nächste Bericht muss ein einziger Bericht sein – kein 3.000-Seiten-Bericht, sondern einer, der die drei Gruppen integriert. Denn alles, was sich auf das Klima auswirkt, wirkt sich auch auf die Menschen und die Biodiversität aus. Wir sind alle miteinander verbunden. Deshalb müssen wir einen Weg finden, wie wir alle zusammenarbeiten können, auch wenn das schwierig sein mag. Wir müssen die Grenzen zwischen den verschiedenen Disziplinen überwinden und einen Weg finden, alle Stimmen zu respektieren. Letztendlich wird ein ganzheitlicher Bericht für die Politiker*innen nützlicher sein als drei separate Berichte.

Wie sollte der IPCC die Auswahl seiner Autor*innen ändern?
Der Prozess der Autor*innenauswahl beginnt damit, dass der IPCC einen offenen Aufruf startet. Dieser Aufruf wird dann von den staatlichen Anlaufstellen in jedem Land so gut wie möglich publik gemacht. Ich wurde zum Beispiel in den IPCC aufgenommen, weil ich zufällig Leute vom IPCC kannte, die mich kontaktierten und mich baten, mich zu bewerben. Ich war mir jedoch sicher, dass sich viele Leute bewerben würden und ich nicht ausgewählt werden würde, weil ich jung war. Ich habe einfach meine Pflicht erfüllt und mich beworben, damit ich das Recht habe, mich zu beschweren. Aber am Ende war ich die Einzige aus Mexiko. Ich kenne jedoch ein paar Kolleg*innen, die ihre Bewerbungen an die staatliche Anlaufstelle in Costa Rica gesendet haben. Diese entschied sich jedoch dazu, die Bewerbungen nicht weiterzuleiten, weil sie

das für den IPCC erforderliche Profil nicht erfüllen würden. Also wurde niemand aus Costa Rica eingeladen. Ich glaube, dass dasselbe in Guatemala passiert ist. Das ist ein großes Problem. Die Tatsache, dass man über die staatliche Anlaufstelle gehen muss, ist das erste Hindernis, weil es persönlich sein kann. Manchmal geht es nicht darum, ob man die nötigen Qualifikationen oder Erfahrungen für die Mitarbeit im IPCC hat oder nicht, sondern darum, ob die Leute der staatlichen Anlaufstelle einen mögen oder nicht. Wenn der IPCC für mehr Vielfalt und mehr Bewerber*innen aus unterrepräsentierten Regionen sorgen will, muss er den Mechanismus ändern und etwa direkte Selbstbewerbungen zulassen.

Welche Entwicklungen in der Klimaforschung sind Ihrer Meinung nach besonders vielversprechend?
Ich gehe davon aus, dass wir genauere Simulationen für verschiedene Regionen rund um den Globus und auch Yucatan erstellen können. Wenn uns das für die Gegenwart gelingt, sind auch die Chancen für genauere Vorhersagen größer und wir können die Unsicherheiten in den Szenarien verringern. Aber das geht Hand in Hand mit besseren Beobachtungen, was wiederum mehr finanzielle Mittel erfordert. Feldforschungen und Ähnliches sind sehr wichtig, um Beobachtungs- und Validierungsdaten zu erhalten, aber sie sind sehr teuer. Man braucht Ausrüstung, Leute und Geld für Reisen. Es gibt noch so viele Prozesse, die wir nicht vollständig verstehen.

Gibt es einen Rat, den Sie Menschen geben möchten, die gerade erst in die Wissenschaft einsteigen?
Ich glaube, man muss mit offenem Geist durch die Welt gehen – vor allem in den Naturwissenschaften, denn manchmal denken die Leute: „Oh, ich kenne mich mit Physik aus, also bin ich schlauer als die Leute, die in anderen Bereichen arbeiten." Das ist nicht wahr. Jeder Wissensbereich ist komplex und erfordert so viele Fähigkeiten, dass man sie nicht miteinander vergleichen kann. Vielleicht bin ich sehr gut im Programmieren, aber wenn ihr mich mitten in den Dschungel schickt, um Tiere zu bestimmen, bin ich in zehn Sekunden tot. Oder wenn ihr mich nach Recht oder Wirtschaft fragt, habe ich keine Ahnung.

Indem wir mehr über andere Bereiche lernen, können wir finanzielle Mittel besser einsetzen und unsere Forschung so umgestalten, dass sie tatsächlich der Gesellschaft hilft. Forschung ist nicht nur eine philosophische Frage von „Oh, ich will etwas wissen". Wir wollen etwas wissen, weil es Auswirkungen auf das reale Leben der Menschen hat, und wenn wir es verstehen, können wir vielleicht etwas ändern. Ich will damit nicht sagen, dass die Grundlagenforschung keinen Wert oder keine Anwendung hat. Natürlich hat sie das. Aber wenn man bereit ist zu erkennen, dass jeder Wissensbereich seine eigene Bedeutung hat und alles miteinander verbunden ist, kann man am Ende mehr erreichen. Normalerweise gibt es nicht nur eine Lösung für ein Problem. Jedes Problem hat so viele Seiten und die einzige Möglichkeit, es zu lösen, besteht darin, alle zu überprüfen. Dies erfordert viele Prozesse und viel Wissen. Man muss also den Wert all dieser Wissensbereiche anerkennen und versuchen zuzuhören, umso viel wie möglich von Kolleg*innen zu lernen.

Literatur

Douville H, Raghavan K, Renwick J, Allan RP, Arias PA, Barlow M, Cerezo-Mota R, Cherchi A, Gan TY, Gergis J, Jiang D, Khan A, Pokam Mba W, Rosenfeld D, Tierney J, Zolina O (2021) FAQ 8.1 Figure 1 in IPCC, 2021: Chapter 8. In: Masson-Delmotte V, Zhai P, Pirani A, ConnorsSL, Pean C, Berger S, Caud N, Chen Y, Goldfarb L, Gomis MI, Huang M, Leitzell K, Lonnoy E, Matthews JBR, Maycock TK, Waterfield T, Yelekci O, Yu R, Zhou B (eds) Climate change 2021: The Physical Science Basis. Contribution of Working Group I to the Sixth Assessment Report of the Intergovernmental Panel on Climate Change. Water Cycle Changes. Cambridge University Press, Cambridge and New York, NY, pp.1055–1210. https://doi.org/10.1017/9781009157896.010

3

Stefan Rahmstorf: „Als Wissenschaftler*innen haben wir eine Verpflichtung gegenüber der Gesellschaft"

Julius Mex, Johanna Kinder, Leon Focks und Alexa Beaucamp

Date of Interivew: March 27, 2023

J. Mex (✉)
École Normale Supérieure, Paris, France
E-Mail: julius.mex@uni-leipzig.de

J. Kinder
Universität Würzburg, Würzburg, Deutschland

L. Focks
Universität Münster, Münster, Deutschland
E-Mail: leonfocks@uni-muenster.de

A. Beaucamp
London School of Economics, Universität Kopenhagen und Göttingen, Göttingen, Deutschland

© Der/die Autor(en), exklusiv lizenziert an Springer-Verlag GmbH, DE, ein Teil von Springer Nature 2025
G. Lohmann (Hrsg.), *Klimagespräche*, https://doi.org/10.1007/978-3-662-70420-2_3

Zur Person: Stefan Rahmstorf ist Ozeanograph und Klimatologe am Potsdamer Institut für Klimafolgenforschung. Seit 2000 lehrt er außerdem „Physik der Ozeane" an der Universität Potsdam. Er studierte Physik in Konstanz und Ulm und promovierte 1990 in Ozeanographie an der Victoria University of Wellington, Neuseeland. Nach Aufenthalten am Neuseeländischen Ozeanographischen Institut und am Institut für Meereswissenschaften in Kiel ist er seit 1996 am Potsdam-Institut für Klimafolgenforschung tätig. Sein Blog realclimate.org, den er zusammen mit internationalen Kolleg:innen betreibt, wurde von der Zeitschrift *Nature* 2006 als einer der fünf besten Wissenschaftsblogs bezeichnet. Darüber hinaus erhielt er 2017 den Climate Communication Prize der American Geophysical Union.

Astrid Eckert

Gibt es etwas, das Ihnen heute besonders am Herzen liegt?
Gestern fand in Berlin der Volksentscheid über ehrgeizigere Klimagesetze statt. Um ehrlich zu sein, war ich überrascht, dass so viele Menschen zur Abstimmung gegangen sind und den Vorschlag abgelehnt haben. Ich hatte erwartet, dass die Menschen, die sich dafür nicht interessieren oder eher dagegen sind, zu Hause bleiben würden. Daher war ich zuversichtlich, dass der Volksentscheid angenommen werden würde, als sich im Laufe des Tages die hohe Wahlbeteiligung zeigte. Aber fast die Hälfte aller Wähler hat dagegen gestimmt.

Wahrscheinlich liegt es daran, dass in den Medien viele Stimmen Angst verbreitet haben, dass es zu Kostensteigerungen kommen würde, weil zum Beispiel die Mieten drastisch steigen würden, wenn alle Häuser renoviert werden müssten. Das könnte eine Motivation gewesen sein, gegen das Referendum zu stimmen.

Was war Ihre Motivation, Klimaforscher zu werden?
Ich beginne mit meiner Motivation, Physik zu studieren, denn das war eigentlich der Anfang. Ich wusste schon im Alter von zwölf Jahren, dass ich

Physik studieren oder zumindest Wissenschaftler werden wollte. Warum auch immer – ich war einfach von klein auf an Naturwissenschaften interessiert. Mit zehn oder elf Jahren habe ich einen Kosmos- Experimentierkasten bekommen. Ich glaube, das war ein Schlüsselerlebnis. Ich habe nie gezögert und war eigentlich während meiner gesamten Gymnasialzeit davon überzeugt, dass ich Forscher werden möchte. Die Physik und insbesondere die Astrophysik haben mich in der Schule am meisten interessiert, sodass ich mir in der Universitätsbibliothek in Konstanz, wo ich aufgewachsen bin, lauter Bücher zu diesem Thema ausgeliehen habe.

Dass ich in der Klimaforschung gelandet bin, hat direkt mit der Studienstiftung zu tun. Da die Stiftung einen einjährigen Auslandsaufenthalt während des Studiums fördert, habe ich mir überlegt, nach meinem Vordiplom nach Großbritannien zu gehen. Da es damals noch kein Google gab, habe ich mir in unserer Universitätsbibliothek das Studienangebot der britischen Universitäten angeschaut und bin auf Physikalische Ozeanographie gestoßen. Ich habe das Meer schon immer geliebt und war begeistert, dass es ein solches Teilgebiet der Physik gibt. Also habe ich während meines Auslandsjahres in Bangor, Nordwales, Ozeanographie studiert. Dort beschloss ich, mich später beruflich mit diesem Thema zu beschäftigen. Meine Diplomarbeit in Konstanz habe ich so gewählt, dass sie mit der physikalischen Ozeanographie vereinbar ist. Von den beiden Möglichkeiten, Festkörperphysik und Kosmologie, habe ich mich für letztere entschieden. Ich habe mich mit der Galaxienentstehung kurz nach dem Urknall beschäftigt, weil diese auf den selben hydrodynamischen Grundgleichungen wie die Ozeanzirkulation beruht - hauptsächlich auf der Navier-Stokes-Gleichung, im Fall der Kosmologie allerdings in einer allgemein-relativistischen Form. Für meine Promotion wechselte ich zur Ozeanographie und schrieb meine Doktorarbeit in Neuseeland.

Welche Rolle spielen die Ozeane im System Erde?
Normalerweise halte ich einstündige Vorträge über dieses Thema, aber hier gebe ich eine Kurzfassung. Ein Aspekt ist die Wärmespeicherung auf saisonalen Zeitskalen. Da die thermische Trägheit schnelle Temperaturschwankungen abpuffert, ist das Klima in Küstenregionen im Winter normalerweise nicht so rau und im Sommer nicht so heiß. Ein zweiter Aspekt ist der Wärmetransport im Ozean. So ist beispielsweise der ge-

samte Nordatlantik aufgrund der meridionalen Umwälzzirkulation (AMOC) deutlich wärmer als er es sonst wäre (siehe Abbildung). Diese Ozeanzirkulation weist eben auch Instabilitäten auf und hat einen Kipppunkt. Das wissen wir aus der Erdgeschichte. Darüber hinaus ist der Ozean die Hauptwasserquelle für den gesamten Wasserkreislauf der Erde. Durch die Verdunstung über den Ozean gelangen die Niederschläge auf die Kontinente. Auch in anderen Kreisläufen wie dem Kohlenstoffkreislauf spielt er eine wichtige Rolle. Die CO_2-Konzentration in der Atmosphäre würde ohne den Ozean viel schneller ansteigen, weil ein Viertel dessen, was wir emittieren, über den Gasaustausch an der Meeresoberfläche in den Ozean aufgenommen wird.

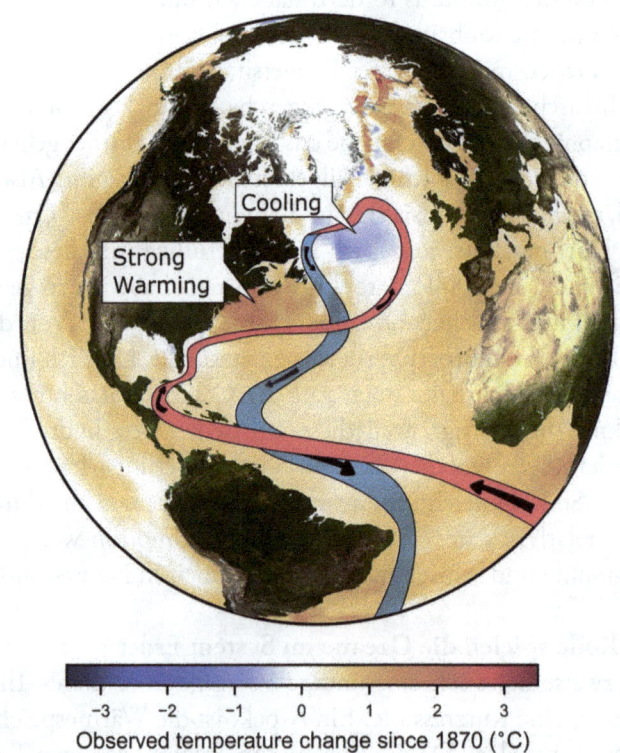

Nach einer Abbildung von Caesar et al. (2018)

Beobachteter Trend der Meeresoberflächentemperatur von 1870 bis 2016 mit einer schematischen Darstellung der Atlantischen Meridionalen Umwälzzirkulation (AMOC). Nach Caesar et al. (2018)

Ihre Forschungen deuten darauf hin, dass diese Umwälzzirkulation schwächer wird. Welche Auswirkungen wird das auf unser Klima haben?
Die Folgen sind bereits spürbar, denn über dem Atlantik gibt es jetzt bereits eine Kälteblase, oder ein ‚Warming Hole', wie es in der Literatur genannt wird. Dies ist die einzige Region der Welt, die sich in den letzten 100 Jahren abgekühlt hat. Dies beeinflusst den Weg der Wettersysteme, die vom Atlantik nach Europa kommen. Eine britische Studie hat zum Beispiel gezeigt, dass der Jetstream diese kalte Zone bevorzugt südlich umgeht, weil sich darüber ein Tiefdruckgebiet befindet. Der Jetstream kommt dann aus dem Südwesten und bringt Hitzewellen nach Europa. Dies wurde in den Beobachtungsdaten bestätigt, zum Beispiel bei der Hitzewelle von 2003.

Auf den ersten Blick erscheint dies paradox, denn viele Menschen denken, dass die Abschwächung der atlantischen Ozeanzirkulation zu einem drastischen Temperaturrückgang in Europa und Nordamerika führen wird, wie es in dem Film „The Day After Tomorrow" dramatisch dargestellt wird. Das gilt aber nur, wenn sie schließlich ganz zusammenbricht. In diesem Fall würde sich dieses Kältegebiet, das sich momentan nur über dem Ozean befindet, so weit ausdehnen, dass es auch die Landgebiete in Nordwesteuropa, insbesondere Großbritannien und Skandinavien, abkühlen würde. Das zeigen Modellsimulationen.

Wie sind Sie dazu gekommen, zu so vielen Themen zu forschen, vom Paläoklima bis zur AMOC, dem Anstieg des Meeresspiegels und Kipppunkten?
Ich habe Anfang der 90er-Jahre als Postdoc mit der Untersuchung der oben erwähnten AMOC begonnen. Als ich meinen Postdoc am Institut für Meereskunde in Kiel anfing, hat mein Doktorvater einige mögliche Themen vorgeschlagen. Er hat mir jedoch davon abgeraten, an der AMOC zu arbeiten, da mein Vorgänger bereits alles behandelt hätte. Doch genau dieses Thema habe ich gewählt, weil es mir sehr spannend erschien und ich nichtlineare Physik cool finde. Nach meinem Postdoc in Kiel habe ich eine ganze Weile fast nichts zu diesem Thema gemacht, habe aber in den letzten Jahren wieder einige Arbeiten dazu veröffentlicht. In der Zwischenzeit habe ich mich mehr mit dem Anstieg des

Meeresspiegels beschäftigt und auch dazu veröffentlicht. Zur Meeresspiegelforschung bin ich durch meine Arbeit am vierten IPCC-Bericht gekommen. Damals gab es viele Diskussionen, weil der IPCC-Bericht einen relativ geringen Anstieg des Meeresspiegels von schlimmstenfalls 59 cm bis zum Jahr 2100 vorhergesagt hat. Der IPCC arbeitet nach dem Konsensprinzip, was manchmal zum kleinsten gemeinsamen Nenner führt, und am Ende waren einige Kolleg*innen und ich damit nicht einverstanden. Zu ihnen gehörte auch David Archer aus Chicago, mit dem ich gemeinsam ein Buch geschrieben habe. Wir waren der Meinung, dass der IPCC den Anstieg des Meeresspiegels massiv unterschätzt. Im Jahr 2007 zeigte ich dann in einem Artikel in Science, dass die Korrelation zwischen Erwärmung und Meeresspiegel in den letzten 100 Jahren auf einen viel höheren Anstieg des Meeresspiegels hindeutet als die Modellsimulationen ergaben. Diese damals üblichen Modellsimulationen legten beispielsweise nahe, dass die Eismasse der Antarktis in einem wärmeren Klima aufgrund stärkerer Schneefälle zunehmen würde. Doch schon damals zeigten die Satellitendaten, dass die Antarktis an Eismasse verliert. Dieses Thema brachte mich dazu, mich mit der Erforschung des Meeresspiegels zu beschäftigen. Ich hatte jedoch nie die finanzielle Unterstützung, um die Forschung zu diesem Thema fortzusetzen.

Ich bin auf ähnliche Weise in die Extremwetterforschung eingestiegen und habe mich insbesondere in den letzten zehn bis fünfzehn Jahren intensiver damit beschäftigt. Im fünften IPCC-Bericht wurde darüber diskutiert, inwieweit die globale Erwärmung die Wetterextreme verstärkt. Ich war unzufrieden mit dem vom IPCC favorisierten Ansatz, der sich auf Attributionsstudien konzentriert. Dabei handelt es sich um eine Methode, mit der durch den Vergleich von Modellen ermittelt werden soll, wieviel wahrscheinlicher extreme Wetterereignisse mit der Erwärmung werden. Die Fähigkeit der Klimamodelle, kleinräumige Wetterextreme darzustellen, war - und ist in gewissem Maße immer noch - recht begrenzt. Während es für uns klar ist, dass die allgemeine Zunahme von Wetterextremen durch den Klimawandel verursacht wird, ist es ein schwieriges Problem, abzuschätzen, welche Rolle der Klimawandel bei einem einzelnen Extremereignis spielt. Oft finden sich bei dieser Methode nur wenige Hinweise, aber das beweist nicht, dass die globale Erwärmung bei einem Ereignis keine Rolle gespielt hat. Ich kritisiere nicht die formale Attributionsforschung an sich, sondern vielmehr die Tatsache, dass sich der IPCC so sehr auf diese Methode konzentriert hat, die nur eine von mehreren Beweislinien ist. Nimmt man alle Beweise zusammen – unser Verständnis der Physik, die Beobachtungsdaten aus der Attributionsforschung und die Modellsimulationen – dann spricht die Beweislage meiner Meinung nach sehr dafür, dass die Wetterextreme infolge der globalen Erwärmung bereits zunehmen. Dies ist inzwischen auch die Schlussfolgerung der jüngsten IPCC-Berichte.

Zeitweise habe ich auch viel zum Paläoklima gearbeitet, insbesondere zu Eiszeitzyklen. Darüber hinaus leite ich hier am PIK auch eine Abteilung, was natürlich mit vielen anderen Aufgaben verbunden ist. Leider habe ich nicht so viel Zeit für die Forschung, wie ich gerne hätte.

Wie aussagekräftig sind die aktuellen Klimamodelle? Können wir ihren Vorhersagen vertrauen?
Die ersten, frühen Modelle waren so genannte Energiebilanzmodelle, die ausschließlich die Energiebilanz des gesamten Planeten berücksichtigen. Diese ilanz ist ganz einfach: Der Energiestrom kommt von der Sonne, und ein Teil davon wird gleich wieder reflektiert. Die Erde selbst sendet langwellige Wärmestrahlung aus, sodass sich eine Energiebilanz ergibt, die wir durch unsere CO_2-Emissionen verändern. Es ist also relativ einfach zu berechnen, wie stark diese Erwärmung ausfallen wird. Die Berechnungen aus den 1970er-Jahren haben diese Erwärmung überschätzt, aber seit den frühen 1980er-Jahren sind diese Modelle sehr genau. Heute werden sie in Kombination mit vielen anderen Arten von Modellen verwendet.

Die Vorhersage der Temperatur ist viel einfacher als die Vorhersage des Niederschlags auf globaler Ebene. Großräumige Vorhersagen sind zwar seit Jahrzehnten zuverlässig, aber je kleiner der Maßstab und je komplexer die physikalischen Prozesse, desto schwieriger werden die Vorhersagen.

Klimamodelle machen nicht alles richtig, aber die vorhergesagten grundlegenden Trends sind recht zuverlässig. Man stellt fest, dass die grundlegenden Vorhersagen der Klimamodelle eingetreten sind. Dass extreme Niederschläge weltweit zunehmen, wird von den Klimamodellen seit 30 Jahren vorhergesagt. Auch die Abschwächung der atlantischen Ozeanzirkulation wurde von den Modellen vorhergesagt. Die Physik dahinter ist recht kompliziert, sodass die Unsicherheit in Bezug auf das vorhergesagte Ausmaß der Abschwächung recht groß ist, aber die Modelle sind sich einig, dass eine solche Abschwächung eintreten wird. Tatsächlich hat sie bereits begonnen.

Auch der Anstieg des Meeresspiegels wurde von den Modellen zunächst unterschätzt, aber inzwischen geben sie die Trends der Vergangenheit sehr gut wieder. Auch die Verstärkung der tropischen Stürme und die Eisschmelze in Grönland und der Antarktis treten wie vorhergesagt auf.

Welche Aspekte der wissenschaftlichen Forschung machen Ihnen am meisten Spaß? Auf welche wissenschaftlichen Erkenntnisse sind Sie besonders stolz?
Die Forschung auf dem Gebiet der Paläoklimatologie macht mir besonders viel Spaß, weil ich es unglaublich spannend finde, dass wir so viel über vergangene Klimaveränderungen herausfinden können – vor Hunderttausenden oder sogar Millionen von Jahren. Ich finde es einfach erstaunlich, welche Spuren in den Sedimenten und im Eis hinterlassen wurden und wie man anhand dieser Spuren das Klima der Vergangenheit rekonstruieren kann. Das ist eine großartige und spannende Art der Detektivarbeit. Sie hat uns auch geholfen, zu verstehen, dass es in der Erdgeschichte drastische klimatische Veränderungen gab, insbesondere die abrupten Klimaveränderungen während der letzten Eiszeit, die durch Instabilitäten in der Nordatlantik-Strömung ausgelöst wurden. Die „Paläo-Community" ist in den 1990er-Jahren sofort auf meine Arbeiten zur Stabilität der atlantischen Zirkulation aufmerksam geworden und hat mich zu Paläoklimakonferenzen eingeladen. So bin ich überhaupt erst zur Paläoklimatologie gekommen.

Was bereitet Ihnen derzeit am meisten Sorgen?
Am meisten Sorgen machen mir die Auswirkungen des Klimawandels auf die Menschen und unsere Gesellschaft insgesamt, insbesondere die Bedrohung der Ernährungssicherheit und die Gefahr von Hungersnöten. Ein zweiter Aspekt ist die Unumkehrbarkeit unserer anthropogenen Veränderungen, die nicht nur mit Kipppunkten zusammenhängt. Ein großer Teil des bisher emittierten CO_2 verbleibt über Jahrtausende in der Atmosphäre. Hier am PIK forschen wir daran, die Eiszeitzyklen der nächsten Millionen Jahre vorherzusagen. Wir gehen davon aus, dass wir mit unseren bisherigen CO_2-Emissionen bereits die nächste Eiszeit, die

in 50.000 Jahren ansteht, verhindert haben. Dies soll die enorm lange Zeitskala verdeutlichen, auf der wir das Klima verändern. Der neue IPCC-Synthesebericht und die Zusammenfassung für politische Entscheidungsträger stellen eindeutig fest, dass das, was wir jetzt tun, das Klima auf diesem Planeten für die nächsten Jahrtausende bestimmen wird. Und drittens bin ich natürlich sehr besorgt über die Kipppunkte der kontinentalen Eismassen, die einen Anstieg des Meeresspiegels um viele Meter auslösen können.

Wo sehen Sie in der Klimawissenschaft die größten Herausforderungen in den kommenden Jahren?
Ich würde nicht sagen, dass es ein Hauptproblem gibt, an dem wir arbeiten müssen. Es gibt viele Themen, die genauer untersucht werden müssen. Extreme Wetterereignisse sind ein sehr spannendes Thema. Auch wenn schon viel geforscht wurde, sind es vor allem die sogenannten dynamischen Effekte, die uns im Moment interessieren. Die thermodynamischen Effekte sind ganz klar: Es wird wärmer, also erwarten wir mehr Hitzewellen. Außerdem gibt es mehr Wasserdampf in der Atmosphäre, wenn die Temperaturen steigen, also gibt es mehr extreme Regenfälle. Aber dann erwarten wir auch dynamische Veränderungen in den Wettermustern. Wie verändert sich der Jetstream? Was passiert mit der Ozeanzirkulation, die wiederum die Dynamik der Atmosphäre und des Ozeans verändert? Das ist noch ein sehr offenes Forschungsfeld. Das andere Thema, für das wir am PIK ein Future Lab eingerichtet haben, sind Kipppunkte und deren Wechselwirkung – also der Domino-Effekt, wenn ein Kipppunkt einen anderen auslöst.

Sie arbeiten an vielen verschiedenen Themen und betreiben auch interdisziplinäre Forschung. Welche Bedeutung hat die Interdisziplinarität in der Klimawissenschaft und welche Schwierigkeiten bringt sie mit sich?
Wir haben am PIK einen sehr interdisziplinären Ansatz. Beispielsweise arbeiten wir in meiner Abteilung sowohl im Bereich der Physik als auch in der Biosphärenmodellierung und entwickeln Modelle für die Land- und die Meeresbiosphäre. Allein das kann man schon als interdisziplinär bezeichnen. Nun machen wir am PIK nicht nur Naturwissenschaften,

sondern auch Wirtschafts- und Sozialwissenschaften. Eine unserer Abteilungen arbeitet an Lösungen für die Klimakrise, an Systemen zur sozial gerechten CO_2-Bepreisung, an der Stabilität von Stromnetzen und an erneuerbaren Energien. Man merkt schnell, wie wichtig es ist, die verschiedenen Disziplinen auf einem Campus zu versammeln, anstatt ausschließlich über virtuelle Forschungsnetzwerke zu kommunizieren. Es ist essentiell, sich regelmäßig zu treffen und Ideen über die Grenzen der Disziplinen hinweg auszutauschen, damit die interdisziplinäre Arbeit zur Gewohnheit wird. Dabei kann man auch die Sprache der anderen Disziplin kennenlernen. In verschiedenen Disziplinen werden bestimmte Begriffe anders verwendet und verstanden; sie haben eine andere Bedeutung, und es kann leicht zu Missverständnissen kommen, wenn man nicht regelmäßig Kontakt hält. In dieser Hinsicht finde ich es toll, dass wir hier am PIK alle auf dem gleichen Campus sind und von Anfang an fachübergreifend zusammengearbeitet haben.

Sie sind sehr aktiv in den Bereichen Kommunikation und Wissenstransfer. Wie sind Sie dazu gekommen, sich in diesen Bereichen zu engagieren?
Das liegt vor allem an meinem ersten Auslandsjahr in Wales, das durch die Studienstiftung ermöglicht wurde. Dort habe ich die angelsächsische Wissenschaftskultur kennengelernt. Damals habe ich zum Beispiel auch angefangen, den *New Scientist* zu lesen – ein fantastisches Beispiel für allgemein verständliche Wissenschaftskommunikation auf hohem Niveau. Im Vereinigten Königreich bin ich auf eine große Offenheit, wissenschaftliche Ergebnisse für ein breites Publikum verständlich zu machen, gestoßen. Während meiner Promotion in Neuseeland habe ich auch erlebt, dass die Menschen über ihre wissenschaftlichen Ergebnisse öffentlich sprechen und nicht nur in Fachzeitschriften; der „akademische Elfenbeinturm" existiert in geringerem Maße. Andererseits war es damals in Deutschland noch verpönt, als Wissenschaftler*in mit Journalist:innen zu sprechen. So habe ich nach der Veröffentlichung meines ersten Nature-Artikels heimlich eine private Pressemitteilung an zwei Journalistnnen geschickt, um meine Ergebnisse mitzuteilen. Ich wusste, dass

dies verpönt war, aber ich war von der angelsächsischen Kultur beeinflusst. In den 1990er-Jahren veröffentlichte ich zwei Aufsätze im *New Scientist*: einen über die Dringlichkeit, die globale Erwärmung zu stoppen, und einen über den Kipppunkt der atlantischen Ozeanzirkulation. Danach war ich lange Zeit weniger aktiv in der Wissenschaftskommunikation – bis zu der großen Hochwasserkatastrophe an der Elbe, die sich 2002 hier in Deutschland ereignet hat. Das war ein großer Wendepunkt für mich. Es ist klar, dass die globale Erwärmung extreme Niederschläge verstärkt. Das bestreitet heute kaum noch jemand, aber damals war es nicht selbstverständlich. Damals wurden in der Presse Artikel veröffentlicht, die die globale Erwärmung irreführend mit Veränderungen der Sonnenaktivität erklärten. Der Spiegel hat sogar eine entsprechende Grafik veröffentlicht, die damals von Wissenschaftler:innen wegen eines methodischen Fehlers bereits zurückgezogen worden war. Ich war der Meinung, dass dazu etwas gesagt werden muss. Also veröffentlichte ich nach der Elbeflut einen Artikel in der *Zeit* und so fing alles an. Später kam ich durch meinen amerikanischen NASA-Kollegen Gavin Schmidt zum Bloggen.

Wie kann Wissenstransfer am effektivsten gelingen? Was ist das Wichtigste und was fehlt heute noch bei der Vermittlung wissenschaftlicher Erkenntnisse?
Wissenschaftskommunikation für die breite Öffentlichkeit ist etwas ganz anderes, als für eine Fachzeitschrift zu schreiben, weil man sich an ein ganz anderes Publikum wendet. Für mich ist das Wichtigste, dass man sich zunächst in den Wissensstand der Zuhörer*innenschaft hineinversetzen muss. Das ist es, was vielen Kolleg*innen schwerfällt. Es ist schwierig zu verstehen, welche Fachbegriffe Laien erklärt werden müssen – man setzt oft ein Wissen voraus, das Laien einfach nicht haben. Deshalb muss man sich in ihre Lage versetzen. Was können Sie von Ihrer Zuhörer*innenschaft erwarten? Was müssen Sie erklären, und wie können Sie das tun? Erklären Sie es so einfach wie möglich, ohne dass es falsch wird. Das ist letztlich das Entscheidende.

Welche Erfahrungen haben Sie als Autor des Vierten Sachstandsberichts des IPCC im Jahr 2007 gemacht? Welche Rolle spielen die Sachstandsberichte für den Wissenstransfer? Sehen Sie Schwierigkeiten in den Arbeitsmethoden oder Strukturen des IPCC?

Im Allgemeinen finde ich es großartig, dass es den IPCC gibt. Für mich war die Arbeit am vierten Sachstandsbericht eine positive Erfahrung, weil ich eine fantastische Arbeitsgruppe hatte, mit der ich unser Kapitel geschrieben habe – in meinem Fall war es das Kapitel über Paläoklimatologie. Es war eine großartige Gelegenheit, Kontakte zu knüpfen, denn man arbeitet über Jahre relativ eng mit seinen Kolleg*innen zusammen, trifft sich regelmäßig, arbeitet an den Texten und bespricht die Kommentare der Gutachter*innen.

Der größte Nachteil ist, dass der gesamte Prozess extrem zeitaufwändig ist. Das „writing by committee" ist sehr mühsam, da jeder Satz diskutiert wird.

Die Verabschiedungssitzung der Zusammenfassung für politische Entscheidungsträger:innen ist natürlich anders, da es sich um einen politischen Prozess handelt. Als reguläre*r IPCC-Autor*in sind Sie bei dieser Sitzung normalerweise nicht anwesend. Jede Regierung entsendet eine Delegation, die dann der Zusammenfassung zustimmt. Normalerweise werden Vertreter*innen der Umweltministerien entsandt, aber für den Vierten Sachstandsbericht wurde ich von der Regierung gebeten, als Wissenschaftler an dem Prozess teilzunehmen.

Der Abstimmungsprozess für die Zusammenfassung für politische Entscheidungsträger*innen hat Vor- und Nachteile. Bei diesem Konsensverfahren geht man den Text wirklich Satz für Satz durch, und sobald eine Regierung die Hand hebt, gibt es eine lange Diskussion über den Wortlaut. Die Leitautor*innen der Kapitel der Berichte beurteilen dann, ob eine Änderung des Wortlauts durch das jeweilige Kapitel abgedeckt ist. Die Regierungsdelegationen können natürlich nichts in den Bericht schreiben, was nicht von der Wissenschaft gestützt wird. Dennoch werden Formulierungen während des Konsensprozesses immer wieder von Regierungen mit spezifischen Interessen abgeschwächt. Aber wenn die Zusammenfassung einmal verabschiedet ist, kann sich kein Land mehr davon distanzieren, weil man sich Satz für Satz geeinigt hat, und das ist die Grundlage für die Verhandlungen im Rahmen der Klimarahmenkonvention. Während der jährlichen großen Klimaverhandlungen kann also kein Land Fakten anfechten, weil es bei der Verabschiedung der Zusammenfassung für politische Entscheidungsträger*innen die Möglichkeit dazu hatte. In diesem Sinne kann ich den Sinn dieses Prozesses verstehen. Ich denke, der größte Nachteil des IPCC ist der immense Arbeitsaufwand, der damit verbunden ist. Trotz der Tatsache, dass Hunderte von Wissenschaftler*innen so viel Zeit auf diese Berichte verwenden, werden sie meiner Meinung nach relativ wenig beachtet. Mich würde wirklich interessieren, wie viele Bundestagsabgeordnete diese Zusammenfassung für politische Entscheidungsträger*innen tatsächlich aufmerksam lesen. Die meisten Leute informieren sich schließlich doch aus der Presse. Man könnte also das Kosten-Nutzen-Verhältnis der IPCC-Berichte hinterfragen und überlegen, ob es nicht sinnvoller wäre, sie auf kürzere Sonderberichte zu beschränken. Immerhin liegen die grundlegenden Fakten nun alle auf dem Tisch. Fast alles, was man wissen muss, um eine wirksame Klimapolitik zu betreiben, liegt nun als gesichertes Wissen vor, so dass der IPCC meiner Meinung nach seinen Auftrag weitgehend erfüllt hat.

Welchen Anteil Ihrer Zeit verwenden Sie auf Kommunikation, Verwaltung und Forschung?
Einen großen Teil meiner Arbeitszeit verbringe ich damit, mich durch das Lesen von Nachrichten und Fachliteratur zu informieren. Soziale Medien wie X (früher Twitter) sind ebenfalls eine gute Informationsquelle und halten mich auf dem Laufenden darüber, was meine Kolleg*innen tun. Aber die Zeit, in der ich wirklich Wissenschaft betreibe, also einen wissenschaftlichen Artikel schreibe oder eine Forschungsarbeit konzipiere, liegt im Bereich von 10–20 Prozent. Leider hat sich das zu einer Art Nebenjob entwickelt.

Es gibt nur wenige Wissenschaftler*innen, die sehr stark in der Öffentlichkeit stehen und viel Öffentlichkeitsarbeit betreiben. Sehen Sie die Wissenschaftskommunikation als eine Aufgabe für Wissenschaftler*innen?
Ich denke, dass wir eine Bringschuld haben. Letztlich werden wir von der Öffentlichkeit finanziert, also hat die Öffentlichkeit ein Recht darauf, zu erfahren, was wir tun – wir müssen es außerhalb der Fachliteratur erklären. Und wenn Gefahr im Verzug ist, muss man die Öffentlichkeit auch warnen.

So hat Prof. Drosten in seinem Podcast den Wissensstand während der COVID-19-Pandemie erklärt. Ich leite daraus keine Verpflichtung für jeden Wissenschafter ab, das zu tun – schließlich können nicht alle Klimaforscher und Virologen im Radio sein. Dennoch würde ich mir wünschen, dass mehr Kolleg*innen dies tun würden, damit es nicht auf so wenigen Schultern hängen bleibt.

Natürlich ist dies auch auf unser Mediensystem zurückzuführen. Die Medien picken sich die prominentesten Vertreter*innen heraus, was ein sich selbst verstärkendes Feedback ist. Das führt dazu, dass immer wieder dieselben Personen in den Medien auftauchen.

Die Pressestelle des PIK versucht gezielt, Interviewanfragen breiter zu streuen und auch an Nachwuchswissenschaftler*innen weiterzugeben. So wird verhindert, dass immer dieselben Personen interviewt werden, und die Nachwuchswissenschaftler*innen haben die Möglichkeit, zu lernen, wie man Wissenschaft auch öffentlich kommuniziert.

In einer kürzlich erschienenen Arbeit haben Sie untersucht, was der Energiekonzern ExxonMobil schon sehr früh über den Klimawandel wusste. Was haben Sie herausgefunden?
Bei dieser Arbeit ging es um die früheren Klimaprojektionen, die das Unternehmen Exxon selbst entwickelt und durchgeführt hat. In den 1970er- und frühen 1980er-Jahren sagten sie die durch fossile Brennstoffe und deren CO_2-Emissionen verursachte globale Erwärmung korrekt voraus.

Diese Arbeit wurde von meinen Kolleg*innen Geoffrey Supran und Naomi Oreskes aus Harvard initiiert. Beide sind Wissenschaftshistoriker*innen, und sie baten mich, ihnen bei der quantitativen Bewertung der Ergebnisse der Exxon-Klimamodelle behilflich zu sein. Also wurde ich konsultiert, um die Ergebnisse der Klimamodelle mit Beobachtungsdaten zu vergleichen.

Exxon wusste schon früh über die Auswirkungen der CO_2-Emissionen auf unser Klima Bescheid, hat aber die Klimaforschung öffentlich in Frage gestellt, um die öffentliche Debatte zu beeinflussen. Wie stark ist der Einfluss von Lobbygruppen aus der Automobilindustrie oder der fossilen Brennstoffindustrie?
Im Laufe der Jahrzehnte bin ich zu der Überzeugung gelangt, dass dieser Einfluss sehr stark ist. Anders ist ein großer Teil der fehlenden Klimapo-

litik nicht zu erklären. Jetzt wird immer mehr bekannt, wie Lobbyismus eingesetzt wurde, um klimapolitische Entscheidungen an entscheidenden Stellen zu verzögern oder zu verhindern. So hat die deutsche Regierung auch die ehrgeizigen Klimaschutzpläne der Europäischen Union behindert oder zugunsten der deutschen Automobilindustrie abgeschwächt.

Ich halte den Einfluss von Lobbygruppen für einen der Hauptgründe. Allerdings handelt es sich nicht immer um direkten Lobbyeinfluss in dem Sinne, dass Branchenführer*innen Merkels Handynummer haben (obwohl das bei einigen Konzernchef:innen der Fall war), sondern auch um indirekten Lobbyeinfluss über die Medienberichterstattung.

Zum Beispiel hat diese unsägliche Klimaskeptiker-Debatte, die seit Jahrzehnten in den Medien geführt wird, in der Öffentlichkeit den Eindruck erweckt, dass der vom Menschen verursachte Klimawandel immer noch umstritten sei und dass es in der Forschung zwei Lager gäbe. In Deutschland ist dies zum Glück nicht mehr der Fall, aber jahrelang dominierte dieses Narrativ die Debatte. Das lag nicht zuletzt daran, dass Unternehmen wie Exxon, wie jetzt dokumentiert wurde, diese Skeptiker*innen und ihre Think Tanks mit Hunderten von Millionen Dollar finanzierten, um Pseudo-Berichte und Argumente für Klimaskeptiker*innen zu produzieren. Ich halte diese Interessen für den Hauptgrund, warum wir weltweit immer noch steigende und nicht sinkende Emissionen haben.

Sehen Sie andere Gründe als Lobbyismus, warum die Klimapolitik so langsam ist?
Ein Hauptgrund ist, dass CO_2-Emissionen überall auftreten und eng mit unserem Energiesystem verbunden sind. Das macht alle mitverantwortlich, und die Verantwortung ist diffus. Deshalb gibt es nicht nur Lobbygruppen, die klimaskeptische Thesen verbreiten, sondern auch eine breite Öffentlichkeit, die diese begierig aufgreift, um ihr Gewissen zu beruhigen.

Wen sehen Sie dann in der Verantwortung für das Handeln? Einzelpersonen oder den Staat und die Unternehmen?
Es ist sicherlich ein Wechselspiel von einzelnen Akteuren – von Verbraucher*innen, die die Führung übernehmen, und auch Politiker*innen, die Regeln einführen müssen, an die sich alle halten. Leider ist es bestimmten Gruppen gelungen, die Debatte in eine Debatte über die persönliche Freiheit umzuwandeln, obwohl natürlich niemand bezweifeln würde,

dass Regeln für das Zusammenleben notwendig sind. Kaum jemand wird sich die Mühe machen, nicht mehr nach Mallorca zu fliegen, wenn sein Nachbar das immer noch tut. Deshalb braucht es Regeln, und deshalb sehe ich hier die Regierung in der Pflicht.

Da die Regierung aber zu langsam handelt, brauchen wir auch Druck von Bürger*innen, die Alternativen vorleben und auch auf die Straße gehen, um den Druck für mehr Klimaschutz zu erhöhen.

Durch Ihre Arbeit als Mitglied des Wissenschaftlichen Beirats der Bundesregierung Globale Umweltveränderungen (WBGU) konnten Sie einen Einblick in die Politik gewinnen. Wie ging das vonstatten?
Der WBGU trifft sich monatlich zu einer zweitägigen Sitzung. Seine Arbeit ähnelt der des IPCC, mit dem einzigen Unterschied, dass neben der Darstellung des Sachstandes und möglicher Maßnahmen auch konkrete Politikempfehlungen erwartet werden. Die Ministerien können den Entwurf kommentieren und Fragen stellen. Schließlich wird ein Bericht veröffentlicht. Und wenn man Glück hat, kommt ein*e Minister*in für eine Stunde zur Übergabe. Diese Veranstaltungen sind manchmal bizarr. Einmal zum Beispiel wurde Sigmar Gabriel, damals Wirtschaftsminister, richtig sauer, weil wir empfohlen hatten, die Beimischung von Biokraftstoffen zum Benzin zu beenden, was der damaligen Regierungspolitik widersprach. Wenn man als wissenschaftlicher Berater etwas sagt, das den Politiker*innen missfällt, kriegt man das auch zu hören…

Ist unser System schuld an den langsamen Fortschritten in der Klimapolitik? Was würden Sie gerne ändern? Brauchen wir ein Peer-Review anstelle von Bundestagswahlen?
Nein. Letztlich müssen die gewählten Abgeordneten die Entscheidungen treffen, denn in der Politik geht es auch darum, Wertentscheidungen zu treffen, unterschiedliche Interessen abzuwägen und zu vermitteln. Es wäre aber von Vorteil, wenn wissenschaftliche Beratungsgremien tatsächlich ernst genommen würden und nicht nur als Alibi genutzt würden, um das durchzusetzen, was man sowieso machen will, und um unerwünschte Ratschläge zu ignorieren und abzulehnen.

Dennoch glaube ich, dass die Gutachten eine gewisse Wirkung erzielt haben, die natürlich schwer zu messen ist. Beim WBGU haben wir festgestellt, dass manche Gutachten im Ausland viel stärker rezipiert und reflektiert werden als im Inland. Auch wenn die Politiker*innen diese Gutachten zunächst nicht ernst nehmen, tragen sie doch zur Debatte bei. Wenn immer mehr Beratungsgremien in ganz Europa den Ausstieg aus der Verwendung von Biokraftstoffen in Autos empfehlen, dann wird sich das nach 20 Jahren irgendwann durchsetzen.

Wie wichtig sind Protestbewegungen? Von „Fridays for Future" bis zur „letzten Generation", welche Gruppen unterstützen Sie persönlich?
Ich bin eher für Fridays for Future. Welche Protestformen am effektivsten sind, können Sozialforscher sicher besser beantworten. Auf jeden Fall war ich überrascht von der Wirkung, die Greta Thunberg mit ihrem Schild vor dem schwedischen Parlament hatte. Für mich zeigt das, dass die Zeit reif war: Die jungen Leute waren bereits beunruhigt, und Gretas Bewegung kam dadurch in Gang. Ich würde das als eine Art gesellschaftlichen Wendepunkt bezeichnen. Ich fand die globale Bewegung, die Greta ausgelöst hat, sehr beeindruckend, und sie hat die Klimadebatte viel mehr vorangetrieben als alle unsere IPCC-Berichte. Trotzdem sind die wissenschaftlichen Fakten natürlich sehr wichtig. Greta hat die Berichte selbst gelesen und versteht die technischen Details in der wissenschaftlichen Literatur sehr gut. Als sie uns hier am PIK besuchte, hatten wir eine lange Diskussion. Alles in allem denke ich, dass diese Graswurzelbewegung wirklich wichtig ist!

Was empfehlen Sie jungen Menschen: Sollen sie Klimawissenschaft studieren oder ihre Zeit und Energie lieber in Aktivismus oder Politik investieren?
Ich denke, dass sich beides nicht gegenseitig ausschließt. Aus meiner Lebenserfahrung würde ich sagen, dass es hilfreich ist, einen Abschluss in Klimawissenschaften zu haben, wenn man politisch etwas erreichen will. Außerdem muss man davon ausgehen, dass man noch lange Zeit im Spiel bleiben muss. Selbst wenn die Emissionen bald zurückgehen, wird der Kampf um klimapolitische Entscheidungen in den nächsten Jahrzehnten weitergehen – hoffentlich in einem Umfeld sinkender globaler Emissionen. Dennoch wird das Problem sein, dass die Emissionen noch schneller sinken müssten. Ich denke, man wird viel Durchhaltevermögen brau-

chen, und schon deshalb sollte man sein Studium beenden, anstatt einfach die nächsten drei Jahre Vollzeitaktivist*in zu werden. Beides zu kombinieren, halte ich für sehr sinnvoll.

Was entgegnen Sie Leuten, die behaupten, dass Wissenschaftler*innen politisch neutral bleiben sollten?
Nichts! Ich glaube, dass wir als Wissenschaftler*innen eine Bringschuld haben. Die Kritik kommt meistens von Menschen, die unsere Nachrichten nicht gerne hören, die dann versuchen, das als Aktivismus zu diskreditieren.

Können wir die Erwärmung noch auf 1,5 Grad begrenzen?
Physikalisch ist das immer noch möglich, aber nicht mit der derzeitigen Politik. Wenn also jemand sagt, dass wir die Erwärmung nicht mehr auf unter 1,5 Grad begrenzen können, ist das eine politische Einschätzung, keine physikalische. Das kann ich verstehen, und ich halte es auch nicht für sehr wahrscheinlich, dass wir unter 1,5 Grad Erwärmung bleiben werden. Aber wenn man argumentieren will, dass das Ziel auch physikalisch unerreichbar ist, muss ich widersprechen. Die Modellsimulationen zeigen etwas anderes.

Gerne wird hier das Argument der thermischen Trägheit der Ozeane aufgeführt. Diese thermische Trägheit existiert und bedeutet, dass sich der Ozean auch bei Null-Emissionen weiter erwärmen wird. Gleichzeitig besteht jedoch ein Ungleichgewicht in der CO_2-Konzentration zwischen der Atmosphäre und dem Ozean, so dass der Ozean weiterhin CO_2 aus der Atmosphäre aufnehmen wird, was den Effekt der thermischen Trägheit ausgleicht. Wenn wir also schnell genug null Emissionen erreichen, ist das 1,5-Grad-Limit immer noch machbar.

Was wären zum jetzigen Zeitpunkt die dringendsten klimapolitischen Maßnahmen?
Ich denke, wir brauchen eine sozial gerechte CO_2-Bepreisung. Der Übergang zu erneuerbaren Energien ist ebenso wichtig, weil wir immer mehr Prozesse auf Strom umstellen müssen: Elektromobilität, Wärmepumpen und andere Dinge werden viel mehr Strom benötigen. Erneuerbare Ener-

gien sind daher ein ganz zentrales Thema. Der Übergang muss in allen Sektoren stattfinden, und wir müssen von ineffizienten Verbrennungsprozessen wegkommen. Ich glaube nicht, dass wir mit ein paar ausgewählten Maßnahmen weiterkommen. Vielmehr sind es viele Maßnahmen in allen Sektoren, die schnell und gleichzeitig umgesetzt werden müssen.

4

Nico Wunderling: „Das Klimasystem ist wie eine Reihe von Dominosteinen"

Leon Galbas, Maja Maschke und Lena Hilf

Zur Person: Nico Wunderling (*1992) ist Physiker und beschäftigt sich in seiner Forschung mit der Resilienz des Klimasystems und der Dynamik von Kippelementen sowie deren Auswirkung auf die Gesellschaft. Er studierte an der Friedrich-Alexander-Universität Erlangen-Nürnberg und promovierte 2021 zum Thema „Nichtlineare Dynamik und Wechselwirkungen von Kippelementen im Erdsystem" bei Ricarda Winkelmann.

Date of Interivew: February 28, 2023

L. Galbas (✉)
Universität Bonn, Bonn, Deutschland

M. Maschke
TU Braunschweig, Braunschweig, Deutschland

Fundamentale Physik für Metrologie, Physikalisch-Technische Bundesanstalt, Braunschweig, Deutschland

L. Hilf
Universität Heidelberg, Heidelberg, Deutschland
E-Mail: lena.hilf@stud.uni-heidelberg.de

Für seine Arbeit wurde er mit dem Friedrich-Hirzebruch-Promotionspreis 2023 der Studienstiftung des deutschen Volkes ausgezeichnet. Seitdem ist er als Postdoc am Potsdam-Institut für Klimafolgenforschung tätig, insbesondere im FutureLab on Earth Resilience in the Anthropocene und dem Stockholm Resilience Centre.

Willem Huiskamp

Warum haben Sie sich für einen Doktortitel im Bereich Klimamodellierung entschieden und wie verlief Ihre Karriere bisher?
Ich bin von Haus aus Physiker. Ich habe an der Universität Erlangen-Nürnberg Physik studiert. Am Ende meines Studiums war ich ein bisschen verloren. Ich wollte meine Fähigkeiten nutzen, um tatsächlich etwas zu bewirken. Es ging mir nicht nur um die Klimaforschung. Ich wollte etwas Sinnvolles machen, das mehr ist, als nur Zahlen umherzuschieben. So bin ich am Potsdam-Institut für Klimafolgenforschung (PIK) gelandet. Hier habe ich mich von Anfang an sehr wohl gefühlt, und dann Ende 2017 meine Promotion begonnen. So habe ich den Übergang von der Physik zur Klimaforschung geschafft.

Würden Sie sagen, dass Sie als Physiker einen Vor- oder Nachteil hatten, als Sie in den Bereich der Klimaforschung wechselten?
Ich glaube, dass man mit einer quantitativen Wissenschaft hier keinen großen Nachteil hat, da man sich relativ schnell in die technischen Details einarbeiten kann. Natürlich wird man sich anfangs nicht so gut

auskennen wie diejenigen, die seit zehn Jahren auf dem Gebiet tätig sind. Man kann aber durchaus eine Karriere in der Klimaforschung verfolgen, ohne einen besonderen Hintergrund in Klimawissenschaften zu haben.

Wie würden Sie Ihr Forschungsgebiet beschreiben?
Ich komme aus den Bereichen der Wissenschaft komplexer Systeme, der Netzwerkwissenschaft und der dynamischen Systeme. Mit Methoden aus diesen Fachgebieten untersuche ich die Kippelemente des Klimasystems, wie Meeresströmungen, der Eisschild Grönlands und den Amazonas-Regenwald. Dabei geht es darum, wie diese Kippelemente miteinander interagieren und ob Wechselwirkungen zwischen Kippelementen das Klimasystem destabilisieren können.

Wie sieht Ihr Arbeitsalltag aus?
Zu Beginn meiner Doktorarbeit habe ich viel Literaturrecherche betrieben, programmiert und natürlich Fehler behoben, da ich selten auf Anhieb fehlerfreien Code produziere. Von da an habe ich begonnen, mich meinen Forschungsfragen zu nähern. Jetzt, fünf Jahre später, besteht meine tägliche Arbeit als Postdoktorand darin, Arbeiten zu schreiben, Vorträge zu halten und an öffentlichen Veranstaltungen teilzunehmen. Das ist herausfordernd und beinhaltet oft neue Erfahrungen für mich als Physiker. Besonders viel Spaß macht es mir, Studierende zu betreuen und sie bei ihrer eigenen Karriere zu unterstützen. Diese Art von Arbeit macht mir sehr viel Spaß und begeistert mich.

Sie haben bereits den Begriff Kippelemente erwähnt. Was genau sind Kippelemente und Kipppunkte im System Erde?
Kipppunkte sind kritische Punkte, jenseits derer sich bestimmte Elemente des Erdsystems qualitativ verändern, angetrieben durch interne, sich selbst verstärkende Rückkopplungen. Es gibt eine ganze Reihe von Kipppunkten, zum Beispiel die grönländischen und antarktischen Eisschilde, die Nordatlantische Umwälzbewegung im Ozean (AMOC), zu der zum Beispiel der Golfstrom gehört, die Regenwälder des Amazonas und die Monsunsysteme. Alle diese Kippelemente weisen eine Art kritische Schwelle in Bezug auf die globale Erwärmung auf, deren Überschrei-

ten zu drastischen Veränderungen in diesen Systemen führen kann. Im Falle des grönländischen Eisschildes beispielsweise liegt dieser Kipppunkt zwischen einem und drei Grad globaler Erwärmung über dem vorindustriellen Niveau. Wird diese Schwelle überschritten, verschwindet der grönländische Eisschild unwiderruflich.

Könnten Sie erklären, welche Prozesse zum Kippen führen?
Bleiben wir bei Grönland. Wenn Sie zum Beispiel auf einen Berg steigen, kühlt sich die Luft alle hundert Meter um etwa ein Grad ab. Der grönländische Eisschild ist im Durchschnitt zwei Kilometer dick. Wenn er zu schmelzen beginnt und dadurch dünner wird und an Höhe verliert, wird die Temperatur an der Oberfläche immer wärmer und wärmer. Schmilzt zu viel Eis weg, so sind die Oberflächentemperaturen überwiegend positiv. Ein Kipppunkt ist überschritten und der Eisschild erholt sich nicht mehr. Dieser sich selbst verstärkende Rückkopplungsmechanismus wird als Melt-Elevation-Feedback bezeichnet.

Was macht Ihre Arbeit besonders spannend oder herausfordernd?
Mir gefällt, dass ich mit einfachen Modellen von Kippelementen existenzielle Risiken für die Menschheit quantifizieren kann. Das sind zum Beispiel ein schmelzender Grönland-Eisschild oder eine Unterbrechung der Atlantischen Umwälzbewegung. Komplexere Klimamodelle berücksichtigen entweder nicht alle relevanten Prozesse oder sind sehr rechenintensiv, sodass nicht alle relevanten Unsicherheiten angemessen berücksichtigt werden können. Meine Modelle füllen da eine Lücke. Daher bin ich der Meinung, dass meine Forschung einen Beitrag zu den aktuellen Herausforderungen des Klimawandels leisten kann.

Gibt es unter den von Ihnen bereits erwähnten Kippelementen auch solche, bei denen die ermittelten Unsicherheiten besonders groß oder klein sind?
Die Unsicherheiten in Bezug auf Kipppunkte sind immer noch erheblich. Zwei Systeme, bei denen die Unsicherheiten eher gering sind, sind der grönländische und der westantarktische Eisschild. Nach dem neuesten Stand der wissenschaftlichen Literatur liegt ihr Kipppunkt zwischen einem und drei Grad über dem vorindustriellen Niveau. Im Vergleich dazu liegt der Kipppunkt des Amazonas-Regenwaldes irgendwo zwischen

zwei und sechs Grad. Die Unsicherheit der kritischen Temperaturschwellen für den Amazonas-Regenwald ist also doppelt so hoch wie für die großen Eisschilde auf Grönland und in der Westantarktis.

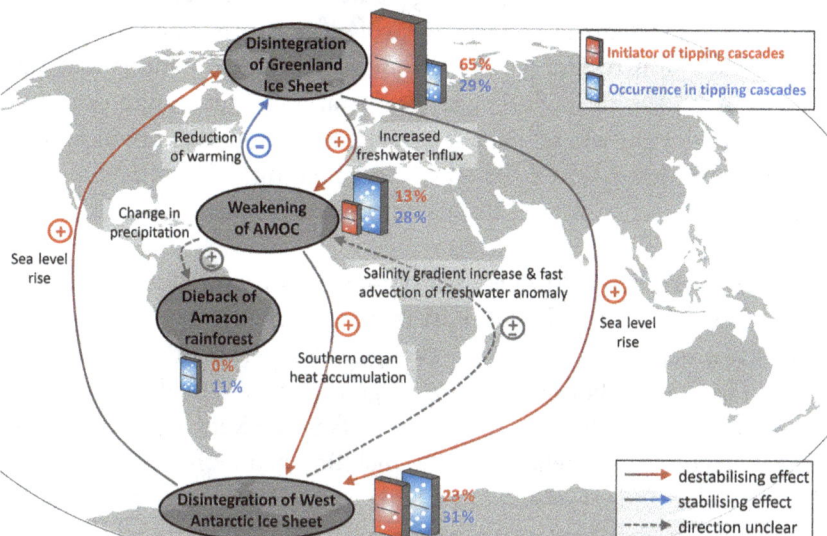

Abbildung aus Wunderling et al. (2021), ©Author(s) 2021, licensed under CC BY 4.0

Die Interaktionen zwischen einzelnen Kippelementen im System Erde.

Wissen wir, warum das Verhalten mancher Systeme schwieriger vorherzusagen ist?

Es gibt zwei wichtige Faktoren, die berücksichtigt werden müssen. Zum Einen ist da die Verfügbarkeit von Daten, zum Beispiel von Satelliten oder aus Paläoklimaarchiven. Es ist einfach schwierig, die Klimadaten, die wir zur Initialisierung unserer Modelle benötigen, direkt zu sammeln. Zweitens ist die globale Mitteltemperatur nicht immer der kritische Parameter, der für jedes der Klima-Kippelemente ausschlaggebend ist. Im Falle der Eisschilde ist der kritische Parameter die lokale Oberflächen- oder Ozeantemperatur, die sich auf die Höhe des Anstiegs der globalen Mitteltemperatur umrechnen lässt. Im Falle des Amazonas-Regenwaldes ist der kritische Parameter die Feuchtigkeitsversorgung, die weitgehend vom lokalen Niederschlag beeinflusst wird. Es ist jedoch weniger klar, wie sich diese Niederschläge bei steigenden globalen Temperaturen verändern.

Also ist die Veränderung der globalen Durchschnittstemperatur manchmal gar nicht die relevante Größe für Kippelemente?
Ganz genau. Ein zweiter wichtiger Punkt in diesem Zusammenhang ist, dass es nicht nur auf die absolute Temperaturänderung ankommt, sondern auch darauf, wie schnell sie erfolgt. So können Kipppunkte überschritten werden, obwohl die absolute Änderung der Temperatur sonst gar nicht ausreichen würde. Das nennt man dann rate-induced tipping.

In Ihren Veröffentlichungen stößt man häufig auf den Begriff der kaskadierenden Kippelemente. Was ist das genau?
Man kann sich das so vorstellen, dass jedes Kippelement wie ein Dominostein ist. Unsere Forschung hat gezeigt, dass es verschiedene Arten dieser Dominosteine gibt. Solche, die am Anfang der Kette stehen und jene, die eher in der Mitte stehen. Ein Beispiel für einen Dominostein, der am Anfang steht, ist das Grönlandeisschild. Wenn Eisschilde anfangen abzuschmelzen, gelangt eine große Menge salzfreien Schmelzwassers in den Ozean. Vor allem die atlantische Umwälzzirkulation kann dadurch zum Kippen gebracht werden. Die atlantischen Zirkulationen sind also nachfolgende Dominosteine. Die Dominosteine bilden eine Kaskade, die nacheinander umkippt: Schmelzwasser aus Grönland verändert die Zirkulation im Atlantik, was wiederum die Niederschläge über dem Amazonas-Regenwald reduzieren kann, möglicherweise so stark, dass Teile des Amazonas zur Savanne werden würden.

Sie wenden in Ihrer Forschung einen Netzwerkmodellierungsansatz für gekoppelte Kippelemente an. Was genau bedeutet der Begriff Netzwerk in diesem Zusammenhang?
Ein Netzwerk besteht aus zwei grundlegenden Komponenten: Knoten und Verbindungen. Die Kippelemente entsprechen den Knoten. Sie unterliegen einem dynamischen Verhalten, das durch eine Differentialgleichung beschrieben werden kann. Die Links sind dann die Verbindungen zwischen den Kippelementen. Im einfachsten Fall kann man

lineare Kopplungen von Differentialgleichungen verwenden. Je stärker diese Kopplungen oder Verknüpfungen sind, desto näher liegen die Dominosteine beieinander. Das heißt, wenn ich einen Dominostein ein wenig in Richtung des Nächsten verschiebe, ist die Wahrscheinlichkeit höher, dass ich eine Kaskade auslöse. Für die Kippelemente im Klimasystem, von denen es nur zehn bis fünfzehn gibt, ist dieses Netzwerk relativ klein, aber es gibt auch Kippelemente, wie den Amazonas-Regenwald, die selbst aus einem Netzwerk aus Wechselwirkungen bestehen. Vereinfacht gesagt ist jede Region des Regenwaldes ein Mini-Kippelement, das wiederum mit anderen Mini-Kippelementen im Amazonasgebiet über ein Feedback durch Feuchtigkeitsaustausch verbunden ist. Dabei handelt es sich um den Prozess, bei dem Feuchtigkeit als Regen über dem Amazonas-Regenwald fällt, wieder verdunstet und so durch den Wind weiter ins Landesinnere getragen wird. Auf diese Weise sind diese Mini-Kippelemente miteinander verbunden. Man könnte mehrere hundert von ihnen betrachten, je nachdem, wie fein man ihre Struktur auflösen will.

Warum verwendet man lineare Kopplungen dafür? Ist diese Art der Verknüpfung physikalisch begründet?
Zunächst einmal ist es der einfachste Ansatz. Da es nur wenige Studien über die genaue Form der Wechselwirkungen gibt, ist es ein guter erster Schritt, anzunehmen, dass sie linear sind. Dann liegt es an uns Wissenschaftlern, genauer hinzuschauen und zu prüfen, ob dies stimmt oder ob die Wechselwirkungen besser durch quadratische oder andere nichtlineare Kopplungen dargestellt werden könnten. Die Linearität ist tatsächlich gar nicht gesichert und erst einmal nur die erste Näherung. Es gibt gerade erst Studien, die sich näher mit den Wechselwirkungen befassen. Ein allererster Schritt besteht darin, die Stärke der Wechselwirkung richtig einzuschränken, zum Beispiel durch die Verwendung der neuesten Satellitenbeobachtungen oder Erdsystemmodelle. In der aktuellen Forschung sind die Wechselwirkungen zwischen Kippelementen eine sehr große Quelle der Unsicherheit; manchmal ist nicht einmal bekannt, ob eine Wechselwirkung stabilisierend oder destabilisierend ist. Deshalb brauchen wir Risikoansätze, mit denen man mehrere Millionen Simula-

tionen machen kann. Das Modell nur einmal laufen zu lassen, reicht aus meiner Sicht nicht aus. Man braucht Unsicherheitsstudien.

Gibt es Teile des Erdsystems, für die diese Netzwerkmodelle nicht funktionieren? Die Erde ist ja kein System aus einzelnen Dominosteinen. Alles hängt kontinuierlich voneinander ab.
Es ist immer schwierig zu entscheiden, ob zwei Systeme verschiedene Kippelemente repräsentieren oder ob sie Teil desselben Kippelements sind und zusammen modelliert werden müssen. Wenn man an Ozeane und Eisschilde denkt, würde man sie intuitiv als zwei getrennte Systeme beschreiben. Im Falle des Amazonas-Regenwaldes sind die Dinge jedoch viel komplexer, weil man ihn auf verschiedenen räumlichen Skalen betrachten kann. Einerseits kann man den Amazonas-Regenwald als ein einziges Gebiet betrachten, sozusagen als einen einzigen Dominostein. Andererseits hat sich gezeigt, dass dies nicht ganz richtig ist, weil kleinere räumliche Maßstäbe sehr wichtig sind. Es scheint so, als wäre der südliche Teil des Amazonas-Regenwaldes viel stärker gefährdet, in einen Savannenzustand zu kippen, als der nördliche Teil. Im Norden spielen regionale Niederschlagsmuster und andere Effekte eine Rolle. Manche Kippelemente bestehen tatsächlich aus mehreren kleinen Kippelementen, die miteinander interagieren können. Im Moment wird sogar daran geforscht, ob das Erdsystem als ein einziger großer Dominostein betrachtet werden kann. Dabei handelt es sich um die sogenannte Heißzeithypothese, die in der Wissenschaft durchaus umstritten ist und auf die noch keine endgültige Antwort gefunden wurde.

Gibt es interessante Ergebnisse zu Netzwerken aus ganz anderen Forschungsbereichen, die sich auf Ihre Arbeit übertragen lassen?
Ja, in der Ökologie gibt es zum Beispiel eine ganze Reihe von Erkenntnissen über interagierende Ökosysteme. Etwas Ähnliches gibt es auch in den Sozialwissenschaften: Wenn verschiedene Gruppen von Akteuren miteinander interagieren, kann man zum Beispiel untersuchen, wie Aufstände entstehen können. Diese sehr ähnlichen Ansätze lassen sich auch auf das Klimasystem übertragen. Es ist auf jeden Fall möglich, die Graphentheorie aus der Mathematik und die Netzwerkwissenschaft für die Modellierung von Problemen aus unterschiedlichen Fachrichtungen

zu nutzen. Da geht es häufig darum, die kürzeste Weglänge zwischen zwei Punkten zu berechnen und Interaktionen richtig zu gewichten.

Sie publizieren auch über sogenannte soziale Kippeffekte. Was genau kann man unter sozialen Kippeffekten verstehen und seit wann interessieren sich Forscher dafür?
Klimakippelemente werden im Allgemeinen als eher negative Ereignisse wahrgenommen, die wir als Gesellschaft verhindern sollten. Mittlerweile sind wir bereits weiter fortgeschritten in der globalen Erwärmung, und das wirft die Frage auf: „Welche gesellschaftlichen Prozesse können helfen, den Klimawandel schnell genug zu stoppen oder vielleicht sogar umzukehren?" Dabei können soziale Kippelemente eine Lösung sein. Wir haben gesehen, dass gesellschaftliche Umwälzungsprozesse wie die Fridays For Future Bewegung innerhalb weniger Monate oder Jahre zu großen gesellschaftlichen Veränderungen führen können. Im Vergleich zu Klimakippelementen ist das extrem schnell. Diese gesellschaftlichen Prozesse sind für eine Nachhaltigkeitstransformation notwendig, vielleicht sogar eine Grundvoraussetzung.

Wie lassen sich soziale Kippelemente verstehen?
Das ist nicht so einfach. Man betrachtet dazu zusammen mit Sozialwissenschaftler*innen gesellschaftliche Prozesse, zum Beispiel Wahlen in einer Demokratie. Man kann sich das vorstellen wie eine Art gesellschaftliche Temperatur, bei der eine Gesellschaft sagt: So wollen wir die Politik nicht, so wollen wir nicht weitermachen. Wir gehen jetzt auf die Straße und demonstrieren.

Es gibt eine Reihe an sozialen Kippprozessen oder sozialen Kippelementen, die wichtig sein können für eine Nachhaltigkeitstransformation. Ein ganz wichtiger Unterschied zu den natürlichen Kippelementen, ist, dass die Gesellschaft sehr viel schneller reagieren kann und auch sehr viel enger vernetzt ist. Da spielen Netzwerkeffekte noch eine deutlich wichtigere Rolle und am Ende wird es eine Mischung aus beidem sein, die helfen kann.

Die Kippelemente des Erdsystems lassen sich in der Regel gut mit physikalischen Gesetzen modellieren. Wie funktioniert das mit sozialen Kippelementen? Wie kann man sie quantitativ modellieren?
Ein typisches Instrument zur Modellierung der Gesellschaft sind Netzwerkmodelle. Dort können die Knoten Personen oder Personengruppen darstellen, und die Verbindungen sind Interaktionen zwischen diesen Personengruppen. Ein sehr bekanntes Beispiel für soziale Dynamik unter Verwendung von Netzwerken ist die Meinungsdynamik. Stellen Sie sich ein Netzwerk aus verschiedenen befreundeten Personen vor. Nehmen wir an, Sie haben eine Menge Gleichgesinnter, die alle dieselbe Meinung zu etwas haben, die Sie jedoch selbst zunächst nicht teilen. In der Regel lässt sich beobachten, dass so etwas wie ein Ansteckungsprozess im Gange ist. Das heißt, Sie sind zwar anfangs anderer Meinung, aber der Austausch und die Gespräche mit Ihren Freund*innen führen dazu, dass Sie am Ende Ihre Meinung ändern; Sie wurden von der Meinung Ihrer Freund*innen „angesteckt". Dies gilt nicht nur für die Meinungsdynamik, sondern für menschliches Verhalten im Allgemeinen. Das heißt, wenn die neue Norm darin besteht, sich nachhaltiger zu verhalten, ist es sehr viel wahrscheinlicher, dass Sie ein ähnliches nachhaltiges Verhalten annehmen werden. Kurz gesagt, die entscheidenden Faktoren sind das Umfeld, in dem Sie leben, und die Menschen, mit denen Sie zu tun haben.

Können Sie anhand eines einfachen Beispiels erläutern, wie sich das Klima und das Verhalten einer Gesellschaft gegenseitig beeinflussen?
Ein sehr einfaches Beispiel ist das Pariser Klimaabkommen selbst. Wenn es keine globale Erwärmung gäbe, dann wäre man nicht zu dem Schluss gekommen, dass wir die globale Erwärmung jetzt auf ein bestimmtes Niveau begrenzen müssen. Hier hat es seit den 60er-, 70er- und 80er-Jahren bis in die 2010er-Jahre ein Umdenken gegeben. Jetzt können wir uns zumindest darauf einigen, dass es ein vernünftiges Ziel ist, eineinhalb bis zwei Grad nicht zu überschreiten. So gesehen ist dies eine Rückkopplung vom Erdsystem auf die politische oder gesellschaftliche Ebene. Nebenbei bemerkt wurde das Pariser Klimaabkommen zum Teil mit

dem Versuch begründet, die Schwellenwerte der Klima-Kippelemente nicht zu überschreiten. Bei eineinhalb oder zwei Grad ist das nicht garantiert, aber zumindest lässt sich damit das Risiko noch etwas besser begrenzen.

Welche Akteure spielen in einem solchen Netzwerk sozialer Kippelemente die größte Rolle?
Aus meiner Sicht sind hier verschiedene Rollen wichtig. Neben politischen Entscheidungsträgern gibt es da auch den Wirtschaftssektor und die Zivilgesellschaft selbst. Natürlich ist die Rolle der Zivilgesellschaft in den verschiedenen Regierungssystemen unterschiedlich, und ich kann nicht genau sagen, ob gesellschaftliche Bemühungen in autokratischen Systemen eine große Rolle spielen. Obwohl man meinen könnte, Autokratien könnten sehr schnell reagieren, passiert das im Nachhaltigkeitskontext nur sehr wenig oder überhaupt nicht.

Belastet Sie das ständige Nachdenken über den Klimawandel in Ihrem Arbeitsalltag?
Grundsätzlich kann ich sagen, dass ich nicht die ganze Zeit schlechte Laune habe. Ich bin positiv gestimmt und glaube, dass wir als Gesellschaft in den nächsten Jahren und Jahrzehnten in der Lage sein werden, dem Klimawandel entgegenzuwirken, hoffentlich in ausreichendem Maße. Wir müssen jetzt handeln. Wir können nicht noch 20 bis 30 Jahre warten. Es gibt das Pariser Abkommen, und es gibt bereits Pläne vieler Länder, bis 2045 oder 2050 gänzlich kohlenstofffrei zu werden. Andere Länder planen damit erst in der zweiten Hälfte des 21. Jahrhunderts. Ich habe also Hoffnung, dass wir uns in eine nachhaltige Zukunft bewegen. Meine Aufgabe als Wissenschaftler ist es, die Gesellschaft zu informieren, zu sagen: „Das sind die Dinge, die wir wissen" und für diejenigen, die sich dafür interessieren: „Das wissen wir noch nicht." Auf dieser Grundlage müssen andere gesellschaftliche Gruppen wie Politiker und Unternehmen handeln und Maßnahmen ergreifen.

Gibt es in Ihrem Forschungsbereich große unbeantwortete Fragen, bei deren Beantwortung wir Ihrer Meinung nach große Fortschritte

sehen würden, oder handelt es sich eher um viele kleine Schritte, die mit der Zeit gemacht werden?

Ein sehr wichtiger Punkt – wir haben ihn zu Beginn angesprochen – sind die Kippunsicherheiten der verschiedenen Kippelemente. Sie sind in einigen Fällen fast absurd groß, zwischen anderthalb und sechs, sieben oder sogar acht Grad, wie es bei der atlantischen Umwälzzirkulation der Fall ist. Ich denke, es wäre hilfreich, wenn wir eine ganze Reihe von Studien zu den bereits durchgeführten hinzufügen würden, um die Kipppunkte besser einzugrenzen. Wir müssen die sicheren Bereiche des Erdsystems kennen. Ein weiterer Ansatzpunkt, den ich für wichtig halte, ist die Verknüpfung des Erdsystems selbst mit der sozialen Dynamik. Das bedeutet, dass wir den Menschen und das Erdsystem nicht mehr als isolierte Einheiten betrachten dürfen, wie es in der Vergangenheit meist der Fall war.

Was ist mit Fridays for Future oder anderen gesellschaftlichen Prozessen? Haben diese in irgendeiner Weise Einfluss auf die Forschungsgemeinschaft? Gibt es jetzt mehr Finanzmittel, oder würden Sie sagen, dass das gestiegene Bewusstsein im Moment kaum Auswirkungen auf die Forschung hat?

Dazu muss ich einen etwas negativen Ausblick geben: Als ich zum PIK kam, dachte ich, dass die Klimaforschung ein spannendes Thema mit großer gesellschaftlicher Relevanz ist. Das spiegelt sich aus meiner Sicht nicht in unserer Förderung wider. Die Klimaforschung ist, was die Finanzierung angeht, bei Weitem nicht so etabliert wie andere Bereiche. Das ist ein großes Problem, um es ganz offen zu sagen. Andererseits ist es schön zu sehen, dass wissenschaftliche Ergebnisse aufgegriffen werden und zu gesellschaftlichen Veränderungen führen. Das ist ein positiver Ausblick. Viele PIK-Kollegen, darunter Stefan Rahmstorf, geben regelmäßig fachlichen Input für Politik und Öffentlichkeit, aber auch für die Fridays for Future in Deutschland.

Gibt es noch andere externe Faktoren, die der Forschungsgemeinschaft im Wege stehen, zum Beispiel hinsichtlich der Arbeitsbedingungen?

Die Arbeitsbedingungen sind tatsächlich ein großes Problem im gesamten deutschen Wissenschaftssystem. Ich würde sagen, dass die Dinge bis zum Ende der Promotionszeit in Ordnung sind, aber danach ist es ein steiniger Weg. Einige sagen, dass dies auf, im Vergleich zum privaten Sektor, geringere Einkommen zurückzuführen ist. Noch wichtiger sind aber die großen Unsicherheiten in der Beschäftigung selbst, die durch die relativ kurzfristigen Perspektiven entstehen, die für Forschende geschaffen werden. Es ist nicht verwunderlich, dass viele deutsche Forscher*innen ins Vereinigte Königreich, in die Niederlande oder häufig in die USA gehen, um dort ein paar Jahre lang zu forschen. Wenn man zwischen 30 und 40 ist, beginnen andere Faktoren wichtig zu werden, zum Beispiel wenn es um die Gründung einer Familie geht. Man ist dann einfach nicht mehr so flexibel, und ich denke, das ist ein großes Problem für das Wissenschaftssystem selbst. Das muss sich unbedingt ändern, nicht nur in der Klimaforschung, sondern im gesamten deutschen Wissenschaftssystem.

War es für Sie als angehenden Wissenschaftler schwierig, nach dem Studium und nach der Promotion in der Gesellschaft Fuß zu fassen? Hatten Sie Mentoren, die Ihnen geholfen haben?
Auf wissenschaftlicher Ebene waren der Austausch und die Unterstützung durch meine Doktormutter Ricarda Winkelmann und meinen Betreuer Jonathan Donges entscheidend. Ein großer Vorteil eines Forschungsinstituts wie des PIK ist, dass es hier viele wirklich hochkarätige Forscher*innen gibt und man das Privileg hat, von deren Wissen zu profitieren, indem man einfach nach nebenan geht. Das ist natürlich großartig und nicht überall zu finden. In dieser Hinsicht ist ein spezialisiertes Institut ein guter Ort, um schneller in die Forschung einzutauchen. Vielleicht ist es deshalb, um auf den Anfang zurückzukommen, als Physiker*in leichter, den Wissensmangel in der Klimawissenschaft zu überwinden: weil man die richtigen Leute vor Ort hat.

Welche Rolle spielt das Potsdam-Institut bei der Vermittlung von Wissenschaft an die Öffentlichkeit und an politische Entscheidungsträger?

Erstens gibt es hier am PIK ein relativ kleines, aber sehr gutes Team für Medien- und Wissenschaftskommunikation. Zweitens hat sich das Institut seit seiner Gründung vor mehr als 30 Jahren zu einer maßgeblichen Stimme in der Klimawissenschaft entwickelt, sodass es durchaus Leute aus der Politik gibt, die sich an das PIK wenden und um Expertise in bestimmten Bereichen der Nachhaltigkeit bitten.

Würden Sie sagen, dass es in der Klimaforschung besonders wichtig ist, in Wissenschaftskommunikation geübt zu sein? Sollte dies auch Teil der wissenschaftlichen Ausbildung sein?
Ja, wie und was man kommuniziert, ist definitiv wichtig. Es gibt von der Universität Potsdam organisierte Trainingsprogramme, an denen man teilnehmen kann, aber es gibt definitiv Raum, um das besser zu institutionalisieren. Wenn man in einem so relevanten Bereich arbeitet, sollte öffentliche Kommunikation wirklich formal in die Ausbildung als Doktorand oder Postdoc aufgenommen werden.

Kommen Sie als Wissenschaftler auch mit Leugner*innen des Klimawandels in Kontakt? Wurden Sie zum Beispiel verbal angegriffen oder in anderer Weise beeinträchtigt?
In meinem eigenen Alltag merke ich das zum Glück nicht, aber einmal erhielt ich über mein Telefon beim PIK einen Anruf von jemandem, der nicht an die Klimawissenschaft glaubte und mich davon überzeugen wollte. Wir hatten ein sehr kurzes Gespräch. Bei anderen Kolleg*innen, vor allem bei einigen unserer älteren Forscher*innen hier am PIK, ist das jedoch anders; sie haben viel mehr Interaktionen mit Klimaskeptiker*innen oder -leugner*innen, meist über Plattformen wie Twitter oder Instagram.

Welches Ergebnis Ihrer persönlichen Forschung macht Sie besonders stolz?
Was mich wirklich gefreut hat, war, dass eines unserer Publikationsergebnisse auf der 26. UN-Klimakonferenz in Glasgow als eines von zehn Klimahighlights des Jahres vorgestellt wurde. Das ist natürlich eine tolle Plattform. Das Thema dieser Veröffentlichung waren genau die Kippkaskaden, über die wir vorhin gesprochen haben: Welche Dominosteine

stehen am Anfang, welche in der Mitte und welche vielleicht am Ende? Das Gesamtergebnis war, dass man sich das Klimasystem als eine Reihe von Dominosteinen vorstellen kann, die aufeinanderfallen können und so das System weiter destabilisieren, als es die globale Erwärmung allein tun würde.

Welche Entwicklungen in der Klimaforschung machen Ihnen Hoffnung?
Ich habe festgestellt, dass wir eine gewisse gesellschaftliche Relevanz erreicht haben, was ich sehr ermutigend finde. Unser ehemaliger Direktor, John Schellnhuber, hat einmal gesagt, dass wissenschaftliche Ergebnisse 20 oder 25 Jahre brauchen, um von der Forschung in die Gesellschaft zu gelangen und dann zum Handeln zu führen. Ich denke, an diesem Punkt sind wir jetzt angelangt, und das macht mir Mut.

5

Tim Palmer: „Letztendlich habe ich beschlossen, etwas Sinnvolles zu tun"

Moritz Thies und Pablo Toussaint

Zur Person: Tim Palmer (*1952) ist Forschungsprofessor der Royal Society für Klimaphysik an der Universität Oxford. Nach seiner Promotion auf dem Gebiet der allgemeinen Relativitätstheorie wechselte er zur Atmosphärenphysik, wo er Pionierarbeit bei der Entwicklung von Ensemble-Prognosen zur Einschätzung der Unsicherheit von Wetter- und Klimavorhersagen leistete. Für seine Arbeit hat er zahlreiche Auszeichnungen erhalten, darunter die Dirac-Goldmedaille des Institute of Physics.

Date of Interivew: January 30, 2023

M. Thies (✉)
Technische Universität Darmstadt, Darmstadt, Deutschland

P. Toussaint
Ludwig-Maximilians-Universität München, München, Deutschland
E-Mail: toussaint.pablo@proton.me

© Der/die Autor(en), exklusiv lizenziert an Springer-Verlag GmbH, DE, ein Teil von Springer Nature 2025
G. Lohmann (Hrsg.), *Klimagespräche*, https://doi.org/10.1007/978-3-662-70420-2_5

Tim Palmer

Professor Palmer, welche Frage hat Sie heute am meisten beschäftigt?
Nun, wenn Sie es wirklich wissen wollen, dann ist es etwas ganz Alltägliches. Letzte Woche haben die Reifen meines Fahrrads geschleift. Irgendetwas stimmte nicht, und ich habe versucht, es am Wochenende zu reparieren, war mir aber nicht sicher, ob es klappen würde. Deshalb habe ich heute Morgen vor allem darüber nachgedacht, ob das, was ich am Wochenende an meinem Fahrrad gemacht habe, funktionieren wird, wenn ich die letzten zwei Kilometer mit dem Rad in die Arbeit fahre. Es stellte sich heraus, dass es funktionierte. Danach habe ich mir Gedanken über einen Gruppenvortrag gemacht, den ich heute Morgen über die Ursachen der Überschwemmungen in Pakistan im Jahr 2022 gehalten habe. Sie sehen, welche Prioritäten ich in meinem Leben setze.

Welcher Teil Ihrer Arbeit macht Ihnen am meisten Spaß?
Ich weiß, was ich an der Arbeit am wenigsten mag: Sitzungen und alles, was mit Bürokratie zu tun hat. Während meiner Zeit beim Europäischen Zentrum für mittelfristige Wettervorhersage (ECMWF) musste ich jedes Jahr einen Plan darüber erstellen, was ich in einem Zeitraum von vier Jahren tun würde. Ich weiß kaum, was ich in einem Monat tun werde, geschweige denn in einem Jahr, und schon gar nicht in vier Jahren. Berichte zu schreiben, in denen man sagen muss, was man in vier Jahren tun wird, fand ich völlig unmöglich. Eigentlich wollte ich einen Bericht schreiben, in dem es heißt: „Vertrau mir, es wird schon gut gehen." Aber wie dem auch sei, ich recherchiere gern, ich denke gerne nach, und ich schreibe gerne Artikel, weil man Artikel schreibt, wenn man ein Forschungsprojekt abgeschlossen hat. Das Problem bei Berichten ist, dass

man sie schreibt, wenn man noch nicht mit allem fertig ist. Das ist nichts, wovon ich begeistert bin.

Sie haben Ihre Doktorarbeit auf dem Gebiet der allgemeinen Relativitätstheorie geschrieben. Danach beschlossen Sie, das Forschungsgebiet zu wechseln und zum nationalen Wetterdienst des Vereinigten Königreichs, dem Met Office, zu gehen. Was war Ihre Hauptmotivation, Ihr Forschungsgebiet nach Ihrer Promotion zu wechseln?
Die Entscheidung fiel mir nicht leicht, denn ich hatte ein Angebot, in Cambridge mit Stephen Hawking zu arbeiten. Aber es gab zwei Probleme. Die Arbeit war sehr abstrakt und wirkte sich überhaupt nicht auf das Leben der Menschen aus. Der zweite Punkt war, dass der Bereich, den ich für den Wichtigsten in der theoretischen Physik halte, die Verbindung von Quantenmechanik und allgemeiner Relativitätstheorie ist, und dass es dafür immer noch keine erfolgreiche Theorie gibt. Ich wurde irgendwie nervös, denn wenn man eine ganze Karriere damit verbringt, daran zu arbeiten, ohne wirklich etwas zu erreichen, dann hat man nicht nur nichts getan, was der Gesellschaft nützt, sondern auch nichts, was irgendjemandem nützt. Denn das meiste, was man getan hätte, wäre eine Sackgasse gewesen. Also habe ich beschlossen, dass ich lieber etwas Nützliches machen möchte. Es war nicht so, dass ich mir Gedanken über Wetter und Klima gemacht hätte. Ich lernte gerade einen Mann namens Raymond Hyde kennen, der sich sowohl für Astronomie als auch für Klimatologie interessierte. Er überzeugte mich davon, dass dies ein interessantes Gebiet wäre, auf dem ich auch meine mathematischen Fähigkeiten einsetzen könnte.

Eines Ihrer Hauptforschungsgebiete sind Ensemble-Vorhersagen. Könnten Sie uns erklären, was Ensemble-Vorhersagen sind und wie sie zur Verbesserung der Klimavorhersagen beitragen können?
Die Ensemble-Prognose ist eng mit der Monte-Carlo-Prognose verwandt. Es bedeutet, dass man sein Modell mehrfach durchführt, um eine Wahrscheinlichkeitsverteilung zu erhalten. Ich begann mich damit zu beschäftigen, als ich in den späten 1970er-Jahren beim Met Office in einem Bereich arbeitete, der sich High Atmosphere Branch nannte. Eine Gruppe erstellte bereits monatliche Vorhersagen mit statistischen empirischen

Modellen, die wir als datengesteuert bezeichnen würden. Sie berechneten Wahrscheinlichkeiten für verschiedene Arten von Wettermustern. Meine Aufgabe war es, das, was man damals dynamische Modelle nannte, in das Problem der Langzeitvorhersage einzuführen. Wenn man dynamische Informationen mit statistischen Informationen kombinieren will, müssen die dynamischen Informationen auch in Form von kombinierten Wahrscheinlichkeiten vorliegen. Es war also klar, dass wir eine Art Monte-Carlo-System einsetzen mussten, um Wahrscheinlichkeiten zu erzeugen. Es gelang uns 1985, ein solches Vorhersagesystem einzurichten, das weltweit erste funktionsfähige Echtzeit-Ensemble-Vorhersagesystem für monatliche Vorhersagen. Aber es gab viel Widerstand gegen diese Idee aufgrund einer Arbeit von Joel Charney. Er untersuchte, inwieweit man deterministische Vorhersagen machen kann und kam auf diese Zeitskala von zwei Wochen. Die Leute interpretierten dies so, dass Vorhersagen auf einer kürzeren Zeitskala deterministisch und nach zwei Wochen probabilistisch erfolgen sollten. Ein Ensemble für monatliche Vorhersagen ist deterministisch und übersteigt die Zeitskala von zwei Wochen. Diese Grenze ist jedoch ein irreführendes Konzept. Es handelt sich um einen statistischen Durchschnittswert, wenn man so will. Es wird viele Situationen geben, in denen die tatsächliche Vorhersagbarkeit des Tages viel geringer als zwei Wochen ist, und es wird Gelegenheiten geben, in denen sie größer als zwei Wochen ist.

Im Jahr 1987 gab es im Vereinigten Königreich einen sehr berühmten Sturm. Der BBC-Meteorologe kam an diesem Tag ins Fernsehen und sagte: „Es wird ein schöner Tag, kein Problem." Und dann kam der schlimmste Sturm seit 300 Jahren. Er war katastrophal. In den Medien hieß es, diese Meteorolog*innen seien völlig nutzlos und der Direktor des Wetteramtes solle zurücktreten. Im Nachhinein haben wir gezeigt, dass dies ein hervorragendes Beispiel für eine Situation war, in der die Vorhersagbarkeit viel geringer war als zwei Wochen. Dadurch wurde den Leuten klar, dass wir etwas für die Vorhersagbarkeit tun müssen, wenn wir diese Art von Medienkritik vermeiden wollen. Und das Ensemble war die einzige ernstzunehmende Möglichkeit, dies zu tun. In den nächsten Wochen wird das ECMWF einen neuen Ensemble-Zyklus veröffentlichen, der mit der gleichen Auflösung wie die deterministische Vorhersage arbeitet. Das Ensemble ist nun das wichtigste Vorhersage Instrument. Für mich ist das ein wichtiger Meilenstein in meiner Karriere, denn ich habe kaum geglaubt, dass ich den Tag erleben würde, an dem das passiert.

Könnten Sie ein Beispiel dafür geben, wie diese Ensemble-Wahrscheinlichkeiten genutzt werden können, um bessere politische Entscheidungen zu treffen?
Was ich sehr ermutigend finde, ist die Art und Weise wie die Katastrophenhilfe auf Vorhersagen von Extremereignissen reagiert. In der Vergangenheit bestand das Problem darin, dass die Organisationen erst reagierten, nachdem ein schweres Ereignis bereits eingetreten war. Stellen Sie sich einen Hurrikan vor, der eine Insel trifft. Wenn die Hilfsorganisationen erst danach aktiv werden, ist es sehr schwierig, die Menschen mit Lebensmitteln, Medikamenten und Wasser zu versorgen, weil der Wirbelsturm die Infrastruktur zerstört hat. Man könnte fragen: „Warum haben sie nicht früher gehandelt, auf der Grundlage der Vorhersage?" Wenn man nur eine deterministische Vorhersage hat, insbesondere bei einem Extremereignis, ist diese sehr unzuverlässig. Die Hilfsorganisationen haben nur begrenzte Mittel zur Verfügung. Wenn sie also bei jedem Anzeichen eines Ereignisses eingreifen, sind sie schnell bankrott. Daher brauchen sie eine objektivere Methode, um zu entscheiden, wann es sinnvoll ist, aktiv zu werden. Eine Ensemble-Vorhersage bietet ihnen dieses objektive Kriterium. Sie können im Voraus eine Kosten-Nutzen-Analyse durchführen. Auf der Grundlage ihres Budgets könnten sie sagen, dass es sinnvoll ist, proaktiv zu handeln, wenn die Wahrscheinlichkeit einer Katastrophe einen bestimmten Schwellenwert überschreitet. Das verändert die Arbeitsweise der humanitären Hilfsorganisationen radikal.

Sie haben diese Schwelle von zwei Wochen bei der Wettervorhersage bereits erwähnt, aber die Klimavorhersage kann Jahrzehnte in die Zukunft reichen. Wie können Sie diesen Unterschied zwischen Wetter- und Klimavorhersagen einem Laien erklären?
Denken Sie einfach an den Jahreszyklus. Wenn ich im Januar in Oxford bin, weiß ich nicht genau, wie das Wetter in sechs Monaten sein wird, aber ich kann mit ziemlich großer Sicherheit sagen, dass es wärmer sein wird als heute, und zwar aus dem einfachen Grund, dass die Sonne jeden Tag ein bisschen höher am Himmel steht und die Tage immer länger wer-

den. Es gibt also einen sehr vorhersehbaren externen Einfluss, der ein vorhersehbares Signal zusätzlich zu den chaotischen Wetterschwankungen erzeugt. Der Klimawandel ist nicht anders als das. Hier ist das vorhersehbare Signal unser Kohlendioxidausstoß. Daher ist die Klimafrage kein Anfangswertproblem. Wir nehmen nicht das Wetter von heute und berechnen, wie das Wetter in sechs oder sieben Tagen sein wird. Stattdessen schauen wir uns an, wie sich die Wetterstatistiken ändern, wenn wir die Kohlendioxidkonzentration aufgrund unserer ziemlich vorhersehbaren Kohlendioxidemissionen erhöhen. In diesem Sinne ist das Problem des Klimawandels eher mit der Vorhersage der Auswirkungen des jährlichen Sonnenzyklus vergleichbar, allerdings auf einer viel längeren Zeitskala.

Sie sagten, dass wir aufgrund der verwendeten Modelle Unsicherheiten haben könnten. Aber beim Messen können wir auch Unsicherheiten durch Rauschen bekommen. Traditionell wird Rauschen als störend angesehen, und seine Auswirkungen werden so gering wie möglich gehalten. Inwieweit kann Rauschen auch positiv genutzt werden?
Nun, die ganze Sache begann, als wir 1992 die Ensemble-Vorhersage einführten, zu einer Zeit, als die Störungen nur in den Anfangsbedingungen des Modells lagen. Aber uns fehlte die Unsicherheit, die von den Modellgleichungen ausging. Ein Modell ist eine Vereinfachung einiger mathematischer Gleichungen, wie die Navier-Stokes-Gleichungen. Durch diese Vereinfachung entsteht ein Zufallsfehler. Er kann eine systematische Komponente haben, aber die Quelle des Fehlers ist eher zufällig. Ich hielt 1995 einen Vortrag, in dem ich darauf hinwies, dass wir unsere Parametrisierung stochastischer gestalten sollten, um der Tatsache Rechnung zu tragen, dass es diesen zufälligen Fehler bei der Vereinfachung der Gleichungen gibt, und dann setzte sich unsere Gruppe zusammen und entwickelte ein praktisches Schema zur Einführung stochastischer Störungen. Dadurch verbesserten sich die Ergebnisse, insbesondere in den Außertropen. All das hat mich davon überzeugt, dass Stochastik eine gute Sache ist, und zwar nicht nur für die reine Ensemble-Vorhersage, sondern auch, um das Modell laufen zu lassen und die systematischen Fehler so klein wie möglich zu halten. Außerdem habe ich begonnen, mich mit anderen Bereichen zu beschäftigen, in denen Rauschen von Vorteil sein

kann. Das geht zurück auf Alan Turing und seine Frage, wie man eine Maschine konstruiert, die Intelligenz imitieren kann. Er sagte, dass man eine Art von Zufälligkeit in das Modell einbringen sollte.

Eine andere Idee ist, unsere Computer mit rauschenden Chips auszustatten. Es kostet eine Menge Energie, Computerbits reproduzierbar zu machen. Aber könnte diese Energie nicht besser für andere Berechnungen verwendet werden, anstatt die Computerbits reproduzierbarer zu machen? Außerdem habe ich darüber nachgedacht, welche physikalischen Systeme eigentlich Rauschen nutzen, und das hat mich auf die Neurowissenschaften und unser Gehirn aufmerksam gemacht. Es besteht kein Zweifel, dass das Gehirn ein Ort mit viel Rauschen ist. Das Gehirn macht das, was es macht, mit 20 W. Es verarbeitet so viele Informationen pro Sekunde wie ein Supercomputer, wenn man ihn mit einem Klimamodell füttert. Aber es tut dies mit 20 W und nicht mit 20 Megawatt. Das Gehirn verarbeitet seine Daten mit einer außerordentlich großen Anzahl von Neuronen – 80 Mrd. Neuronen – aber mit nur 20 W, was das Gehirn zu einem Ort mit Rauschen macht. Die Frage ist, ob das Gehirn dieses Rauschen konstruktiv nutzt oder ob es nur stört. Und ich denke, es gibt ziemlich gute Argumente dafür, dass es das Rauschen konstruktiv nutzt.

Das zeigt, dass das Nachdenken über das Klima nicht Ihr einziges wissenschaftliches Interesse ist. Aber wie sieht ein typischer Tag als Klimamodellierers aus? Wann haben Sie Zeit, über andere Bereiche als nur das Klima nachzudenken?
In meiner Anfangszeit habe ich viel Zeit mit dem Schreiben von Code verbracht, was wohl jede*r tun muss. Aber ich muss gestehen, dass ich das in den letzten Jahren so gut wie nicht mehr gemacht habe. Mein typischer Tag ist also nicht mehr derselbe wie vor 40 Jahren. Ich komme wahrscheinlich drei Tage pro Woche nach Oxford, wo ich versuche, mit Leuten aus meiner Gruppe zu reden und Ideen auszutauschen. An den anderen beiden Tagen arbeite ich zu Hause, vielleicht habe ich eine Besprechung, zum Beispiel mit der Royal Society in London. Aber ich versuche auf jeden Fall, einen Tag zu Hause zu verbringen, an dem ich entweder einen Artikel schreibe oder über einen Artikel nachdenke. Ich würde sagen, dass das Nachdenken darüber, wie das Gehirn funktioniert, mir gezeigt hat, wie wichtig es ist, sich unter der Woche genügend Zeit

zum Entspannen zu nehmen. Ich bin der festen Überzeugung, dass man keine großen Ideen hat, wenn man nur auf den Bildschirm starrt und versucht, einen neuen Teil des Modells zu programmieren. Sie müssen sich Zeit nehmen, um spazieren zu gehen oder Fahrrad zu fahren. Ob Sie es wollen oder nicht, Ihr Gehirn wird sich mit den Dingen beschäftigen, an denen Sie während der Woche gearbeitet haben – und dann entstehen die Ideen. Ich versuche sicherzustellen, dass ich zumindest einen Tag in der Woche habe, vielleicht über mehrere Stunden in der Woche verteilt, an dem ich nichts tue. Ich weiß, dass Chefs es nicht gerne sehen, wenn man Zeit mit Nichtstun verbringt. Sie müssen für alles, was Sie tun, einen Stundenzettel ausfüllen. Aber je mehr Zeiterfassungsbögen man im Leben hat, desto unwahrscheinlicher ist es, dass man auf bahnbrechende Ideen kommt. Im Journal Nature erschien vor einigen Wochen ein Artikel darüber, warum es heute viel weniger bahnbrechende Ideen zu geben scheint als vielleicht noch vor 50 Jahren, und ich denke, einer der Gründe dafür ist, dass die Leute ihre Kalender mit Sitzungen vollstopfen und überhaupt keine Zeit haben, noch irgendetwas zu tun.

Klimaforschung ist immer auch ein politisches Thema. In welchen Bereichen Ihrer Arbeit könnten ethische Überlegungen ins Spiel kommen?
Das ist es ja: Jede Arbeit, die ein*e Klimawissenschaftler*in macht, hat politische Implikationen. Ich halte viele Vorträge, bei denen die Leute wissen wollen: „Was kann ich gegen den Klimawandel tun?" Ich weiche solchen Diskussionen natürlich nicht aus, aber andererseits ist es wichtig, den Unterschied zwischen Wissenschaft und Werturteilen klar zu machen. Ist Kohlendioxid ein Treibhausgas? Ja, Kohlendioxid ist ein Treibhausgas; das ist eine wissenschaftliche Frage. Werden unsere Kohlendioxidemissionen die Temperatur des Planeten erhöhen? Ja, es wird die Temperatur des Planeten erhöhen. Das ist ein wissenschaftlicher Fakt. Wird dadurch die Wahrscheinlichkeit extremer Wetterereignisse zunehmen? Wieder ja. Sollten wir also unsere Kohlendioxidemissionen verringern? Das ist eine Frage, bei der es um Werturteile geht. Ich denke, wenn ein*e Wissenschaftler*in sagt: Wir müssen unsere Kohlendioxidemissionen reduzieren, dann ist es wichtig, dass die Menschen verstehen, dass er*sie nicht als neutrale*r Wissenschaftler*in spricht, sondern als jemand, der*die sich einen bestimmten politischen

oder umweltpolitischen Hut aufgesetzt hat. Eine Person kann vielleicht besser Werturteile fällen als andere. Wenn ich Vorträge halte, kann ich Ihnen so gut ich es kann die Wissenschaft hinter dem Klimawandel erklären. Aber wenn die Leute sagen: „Hört auf die Wissenschaftler*innen", als ob die Wissenschaftler*innen eindeutig sagen, dass man die Emissionen senken muss, dann kann das meiner Meinung nach nicht der richtige Weg sein. Die andere Sache ist, dass die Wissenschaft unsicher ist. Zu sagen, dass der Klimawandel eine Katastrophe sein wird, oder umgekehrt, dass man sich keine Sorgen machen muss, ist wissenschaftlich falsch.

Nach Ihrer Doktorarbeit über die allgemeine Relativitätstheorie wechselten Sie zur Klimaphysik. Aber zehn Jahre später kehrten Sie wieder zur Grundlagenphysik zurück. Seitdem haben Sie Artikel in beiden Forschungsbereichen veröffentlicht. Wie schaffen Sie es, als Wissenschaftler so vielseitig zu bleiben?
Ich bin vielseitig geblieben, indem ich keine Jobs angenommen habe, die einen hohen bürokratischen Aufwand mit sich gebracht hätten. Es macht mir Spaß, mit einer kleinen Gruppe von Menschen zu arbeiten, in der Regel bis zu 15 oder 20. Größere Gruppen habe ich bewusst gemieden, zum Beispiel die Leitung eines Labors oder eines großen Instituts mit Hunderten oder gar Tausenden von Menschen. Ich glaube nicht, dass ich für diese Art von Aufgaben besonders gut geeignet bin. Andere Leute könnten diese Aufgaben genauso gut erledigen wie ich, wenn nicht sogar besser. Meine Stärken liegen eher darin, Probleme in der Grundlagenforschung zu durchdenken. Die Antwort auf Ihre Frage lautet also, dass ich einfach dafür gesorgt habe, Jobs zu haben, die mir genug Zeit für andere Dinge lassen. Hätte ich ein Labor mit tausend Leuten geleitet, hätte ich auf keinen Fall Zeit gehabt, über Quantenmechanik nachzudenken. Deshalb habe ich, als 2009 die Royal Society Research Professorship ausgeschrieben wurde, einfach gesagt: Das ist der perfekte Job für mich. Der wird mich bis zu meiner Pensionierung begleiten. Es war fantastisch, und es hat mir ermöglicht, weiter über das Wetter und das Klima zu forschen, was ich sehr gerne tue. Es gibt Dinge, die ich immer noch tun möchte, aber gleichzeitig kann ich zu meinen Wurzeln zurückkehren und dort einige der Ideen, wie die Geometrie des Chaos, anwenden.

Gibt es ein Ergebnis Ihrer Forschung, auf das Sie besonders stolz sind?
Ich bin stolz auf die gesamte Arbeit der Ensemble-Vorhersage, denn sie hat sich auf alle Wetterdienste und Klimavorhersagen weltweit ausgewirkt. Jeder nutzt Ensembles. Ich behaupte nicht, dass ich der*die Einzige war, der*die das getan hat, aber ich war am Anfang dabei, und es ist sehr erfreulich zu sehen, wie das inzwischen genutzt wird.

Eine letzte Frage: Welche Entwicklungen in der Klimaforschung lassen Sie besonders hoffen?
Hoffen? Nun, ich kann Ihnen sagen, was meiner Meinung nach notwendig ist. Was mich in der Klimaforschung nachts wach hält, ist, dass unsere Klimamodelle nicht mit dem Schritt halten können, was in der realen Welt passiert. In den letzten zwei oder drei Jahren haben wir einige ziemlich extreme Wetterereignisse erlebt, wie die Überschwemmungen in Deutschland und Pakistan oder die großen Hitzewellen in Kanada. Selbst im Vereinigten Königreich wurden im letzten Sommer 40 °C erreicht. Aber die meisten dieser Extremereignisse liegen außerhalb der Reichweite der traditionellen Klimamodelle. Daher glaube ich, dass wir uns in einen wilden Westen begeben, in dem die Leute über den Klimawandel sagen können, was sie wollen, wenn es darum geht, wie katastrophal er sein könnte. Die Modelle bieten keine gute Möglichkeit, diese Aussagen zu überprüfen, weil wir wissen, dass sie Extremereignisse einfach nicht sehr gut simulieren können. Ich persönlich glaube, dass wir hier ganz dringend etwas tun müssen. Ich denke, das lässt sich nur durch eine verstärkte internationale Zusammenarbeit lösen, etwa durch ein CERN (Conseil européen pour la recherche nucléaire) für die Klimawissenschaft, das Modelle mit viel, viel höherer Auflösung entwickelt, als wir sie derzeit haben. Dafür brauchen wir spezielle Exascale-Computer. Das wird viele Fragen beantworten. Im Moment ist es für die Regierungen sehr schwer zu quantifizieren, wie sich ihr Land an den Klimawandel anpassen soll. Wird sich der Klimawandel in Form von mehr Dürren und Hitzewellen bemerkbar machen? Wir sind immer noch jedes Mal überrascht, wenn ein Extremereignis eintritt, also brauchen wir einen großen Schub bei den Klimavorhersagen. Das ist zweifellos eines der Dinge, an denen wir meiner Meinung nach unbedingt arbeiten müssen.

6

Axel Kleidon: „Man kann die Erde als eine Zwiebel betrachten"

Alexander Saal, Lukas Kalvoda und Arnulf Kung

Zur Person: Axel Kleidon (*1969) leitet eine Forschungsgruppe zur Biosphärentheorie und -modellierung am Max-Planck-Institut für Biogeochemie in Jena und ist Privatdozent an der dortigen Friedrich-Schiller-Universität. Nach dem Physikstudium beschäftigte er sich in seiner Promotion mit dem Einfluss von Vegetation auf das Klimasystem. Später entwickelte er ein ganzheitliches Modell des Erdsystems auf der Grundlage der Thermodynamik, das es ermöglicht, die Rolle des Lebens und der Menschheit auf unserem Planeten besser zu verstehen. Kleidon beschäftigt sich auch mit der Frage, wie viel Energie nachhaltige Ressourcen wie die Sonne oder der Wind liefern können.

Date of Interview: March 10, 2023

A. Saal (✉)
Friedrich-Alexander-Universität Erlangen-Nürnberg, Erlangen, Deutschland

L. Kalvoda
Université Paris-Saclay, CNRS, LPTMS, Orsay, France

A. Kung
Universität Tübingen, Tübingen, Deutschland

Rudolf Wernicke

Herr Kleidon, wie kann man anhand eines Kochtopfs das Klimasystem der Erde verstehen?
Generell halte ich es für wichtig, ein Verständnis dafür zu entwickeln, was in einem System tatsächlich passiert. Das bedeutet nicht, dass man immer mehr Prozesse in noch höherer Auflösung betrachtet, sondern dass man das Grundlegende versteht. Den Kochtopf benutze ich gerne als Beispiel aus dem Alltag, weil es zwei Stellgrößen gibt, mit denen man seine Temperatur regulieren kann. Zum einen, wie heiß die Herdplatte ist, und zum anderen, ob man den Deckel schließt oder nicht. Das ist eine sehr schöne Analogie für die Erdatmosphäre: Ihre Temperatur wird durch die Erwärmung aufgrund von Sonneneinstrahlung und durch den Treibhauseffekt bestimmt. Wenn der Treibhauseffekt zunimmt, dann schließt man den Topf mehr.

Zum einen untersuchen Sie Wärmeflüsse, zum anderen beschäftigen Sie sich auch viel mit Entropieflüssen. Können Sie kurz erklären, was Entropie ist?
Es ist vielleicht ein wenig verwirrend, dass es viele verschiedene Definitionen von Entropie gibt, die in unterschiedlichen Zusammenhängen verwendet werden, zum Beispiel in der Informationstheorie. Aber ich beschäftige mich wirklich mit dem physikalischen Bild der Entropie, das erstmals im 19. Jahrhundert auftauchte, als Dampfmaschinen entwickelt wurden und die Thermodynamik aufkam. Zunächst war die Entropie

eine rein empirische Größe, mit der man den Wirkungsgrad einer Wärmekraftmaschine bestimmen konnte. Später wurde sie durch das Boltzmannsche Gasmodell erweitert. Darin wird ein Gas als eine Ansammlung von vielen Teilchen beschrieben, die miteinander kollidieren. In diesem Bild hilft die Entropie, die mikroskopische Energieverteilung der einzelnen Teilchen mit der Temperatur auf der Makroebene in Beziehung zu setzen. Dieses Konzept wurde dann, was vielen nicht bewusst ist, von Planck weiterentwickelt. Er wandte es auf Strahlung an und betrachtete Licht als einen Strom von Teilchen, die wir heute Photonen nennen. Entropie kommt immer dann ins Spiel, wenn wir Dinge auf der makroskopischen Ebene beschreiben und mit der Quantenphysik, also den mikroskopischen Details, nichts zu tun haben wollen. Für die Klimaphysik zum Beispiel brauchen wir viele quantenmechanische und mikroskopische Details gar nicht.

Welche Rolle spielt die Entropie denn im Klimasystem?
Entropie ist eine total wichtige physikalische Größe! Wenn wir uns ansehen, was das System Erde antreibt, also was seine Dynamik ausmacht, dann ist es Arbeit. In der Atmosphäre etwa muss Arbeit verrichtet werden, um die Luft in Bewegung zu halten, weil Reibung sie sonst abbaut. Auch der Wasserkreislauf ist mit Arbeit verbunden. Diese Arbeit wird durch thermodynamische Prozesse verrichtet, die durch Strahlung und Erwärmungsunterschiede – beispielsweise zwischen der Erdoberfläche und den höheren Atmosphärenschichten – angetrieben werden und somit als Wärmekraftmaschinen beschrieben werden können. Die Dynamik des Erdsystems unterliegt daher auch den entsprechenden thermodynamischen Grenzen, die sich letztlich aus dem Konzept der Entropie ergeben.

Wie unterscheidet sich Ihre Sicht auf das Klimasystem der Erde von der anderer Klimawissenschaftler*innen?
Eigentlich ist es kein grundlegend anderes Bild. Aber es ist ein völlig anderer Blickwinkel, weil es nämlich die Thermodynamik, Energieumsätze und deren Grenzen zentral in den Mittelpunkt rückt. Die Annahme, mit der ich arbeite, ist das „Prinzip der maximalen Leistung": Das System Erde leistet so viel Arbeit, wie es gemäß den Naturgesetzen überhaupt kann. Dies kann man in Gleichungen übersetzen und damit sehr einfache und physikalisch fundierte Aussagen, zum Beispiel zum Klimawan-

del, treffen. Komplexe Klimamodelle verwenden gerade bezüglich der sogenannten dissipativen Prozesse, also wenn es um Reibung geht, häufig semiempirische Ansätze. Das ist ähnlich wie im Physikunterricht, wo die Reibung immer etwas unter den Tisch gekehrt wird. Außerdem findet die Reibung an der Oberfläche statt, die für Meteorologen ohnehin weniger interessant ist als die mittlere Atmosphäre. Aber eigentlich ist die Reibung entscheidend, denn wie beim Kochtopf wird die Temperatur nicht nur durch die Erwärmungsrate bestimmt, sondern auch dadurch, wie gut das System abkühlen kann. So stellt sich die Bewegung im Klimasystem als eine Balance zwischen Antrieb und Reibung ein. Die Erkenntnisse, die sich daraus ergeben, sind konsistent mit komplexeren Klimamodellen. Wir können zum Beispiel die Sensitivität des Wasserkreislaufs, die Tatsache, dass sich Landmassen stärker erwärmen als die Ozeane, oder den Klimawandel mit ganz einfachen Modellen erklären, die auf diesem Prinzip der maximalen Leistung beruhen. Ich finde das so wunderbar, weil es eben nicht auf der Komplexität des Modells beruht, sondern auf dem Verständnis grundlegender Naturgesetze.

Können Sie das Prinzip der maximalen Leistung noch einmal genauer erklären?
Das bedeutet, dass man sich die Frage stellt: „Wie viel Bewegung kann die Atmosphäre maximal erzeugen?" Dieses Maximum an Leistung ist zunächst einmal durch den Carnot-Wirkungsgrad einer Wärmekraftmaschine begrenzt. Im Erdsystem gibt es jedoch noch einen zweiten begrenzenden Faktor, weil im Gegensatz zur Wärmekraftmaschine die Randtemperaturen nicht fest sind. Da die Atmosphäre Wärme transportiert, zum Beispiel zwischen der Oberfläche und höheren Atmosphärenschichten, baut sie auch Temperaturunterschiede ab. Eine Wärmekraftmaschine ist jedoch bei geringeren Temperaturunterschieden weniger effizient. Je mehr Wärme die Atmosphäre also transportiert, desto geringer ist ihr Wirkungsgrad. Aus physikalischer Sicht führt das zu einem Maximum an Leistung der atmosphärischen Bewegung, das sich leicht bestimmen lässt. Es scheint einen übergreifenden Trend zu geben, dass das Erdsystem an seinem Leistungsmaximum operiert. Dieser zeigt sich empirisch nicht nur bei der atmosphärischen Bewegung, sondern auch beim Wasserkreislauf oder bei biotischen Aktivitäten. Das ist in Studien gut belegt. Damit kann man sowohl die großskalige Wärmeverteilung zwi-

schen den Tropen und den Extra-Tropen als auch zwischen der Oberfläche und der Atmosphäre beschreiben. Die Abschätzungen, die man daraus erhält, sind wirklich gut.

Gab es ein Schlüsselerlebnis, das Sie dazu gebracht hat, einen neuen Weg in der Forschung einzuschlagen?
Ja, das gab es. Schon als Doktorand habe ich mich für die Gaia-Hypothese von James Lovelock interessiert. Nach dieser Hypothese kann die gesamte Erde als eine Art „Superorganismus" betrachtet werden. Dieser Organismus reguliert seine eigene Entwicklung so, dass nicht nur Leben ermöglicht wird, sondern auch dessen Umweltbedingungen kontinuierlich verbessert werden. Später, als junger Postdoc, nahm ich an einer Konferenz der American Geophysical Union zu diesem Thema teil. Beim Konferenzdinner saß ich neben zwei sehr inspirierenden Wissenschaftlern. Irgendwann drehte sich das Gespräch um die Tatsache, dass Strahlung unterschiedliche Entropien hat, aber es war uns nicht klar, wie das genau mit der Sonnenstrahlung und der Abstrahlung der Erde funktionierte. Das war ein Schlüsselerlebnis für mich, denn ich hatte noch nie darüber nachgedacht oder davon gehört. Als Physiker dachte ich, dass es doch offensichtlich sein müsste, welche Strahlung die geringere Entropie hat, aber ich konnte es auch nicht beantworten. Kurz darauf sah ich auf einer anderen Konferenz das Poster eines Kollegen aus Japan, Hisashi Ozawa, der mit der maximalen Entropieproduktion arbeitete. Das und Lovelocks Arbeit haben mich motiviert, das Prinzip der maximalen Entropieproduktion weiter zu erforschen und es zu nutzen, um die Gaia-Hypothese genauer zu formulieren. Als junger Wissenschaftler war das nicht unbedingt das beste Thema, weil einige etablierte Leute das Prinzip der maximalen Entropieproduktion für Quatsch hielten. Wenn man jung ist, ist man davon schon eingeschüchtert. Inzwischen bin ich eher der Meinung, dass es ein weit verbreitetes fehlendes Verständnis dafür gibt.

In einem Ihrer wichtigsten Artikel aus dieser Zeit, „Life, Hierarchy, and the Thermodynamic Machinery of Planet Earth", beschrieben Sie die Erde als „gekoppeltes, hierarchisches und thermodynamisches System". Können Sie diese Ideen näher erläutern?
Mit hierarchisch meine ich das, was ich gerne als Zwiebel beschreibe: Sie können die Erde als eine Zwiebel mit verschiedenen Schalen betrachten,

die verschiedene Energieformen darstellen (siehe Grafik). Zwischen den Schalen findet eine Energieumwandlung statt. Man braucht zum Beispiel Strahlungsunterschiede, um atmosphärische Bewegung, also Wind, zu erzeugen. Wenn der Wind über den Ozean streift, wird ein Teil der Energie in die Bildung von Wellen und die Durchmischung der Oberflächenschicht übertragen. Die Energie, die die atmosphärische Bewegung erzeugt, überträgt sich also in die Ozeanströmungen. Genauso wird die mit dem Wasserkreislauf verbundene Energie für den Transport von Sedimenten in Flusssystemen genutzt. Der Abbau dieser Sedimente beeinflusst dann über Tausende oder Millionen von Jahren auch die Kontinentalkruste. Diese Prozesse sind also immer miteinander gekoppelt und haben auch Rückwirkungen. So führen beispielsweise Strahlungsunterschiede zu Erwärmungsunterschieden, die wiederum zu Luftbewegungen führen. Wenn die Luftbewegung aber Wärme transportiert, dann baut sie genau diese Erwärmungsunterschiede wieder ab.

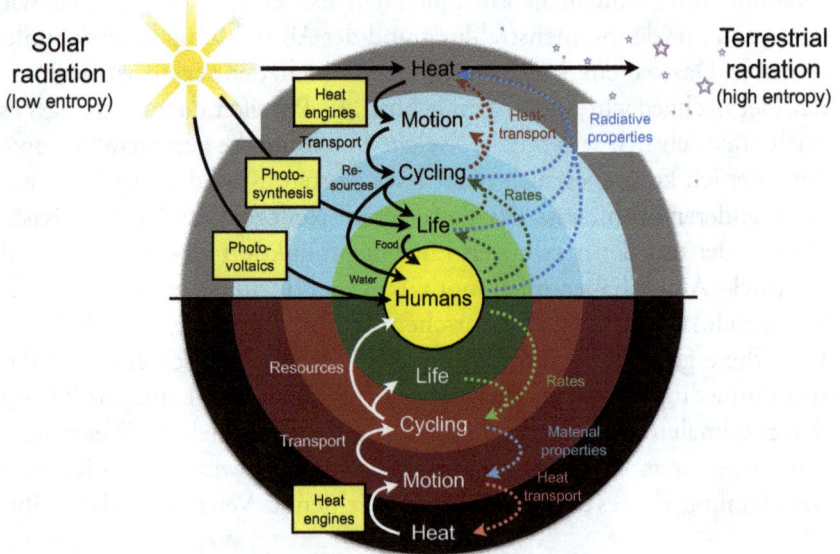

Abbildung aus Kleidon (2023), ©Axel Kleidon 2023, lizenziert nach CC BY 4.0

Die verschiedenen Schalen der Hierarchie der Energieflüsse im Erdsystem. Abbildung aus Kleidon (2023), ©Axel Kleidon 2023, lizenziert unter CC BY 4.0

6 Axel Kleidon: „Man kann die Erde als eine Zwiebel betrachten"

Lassen Sie uns noch einmal einen Blick auf die Gaia-Hypothese werfen, der zufolge die Erde als eine Art „Superorganismus" betrachtet werden kann. Welchen Bezug hat Ihr ganzheitliches Modell des Erdsystems zur Gaia-Hypothese?
Interessanterweise ergibt mein Modell ein Bild, das der Gaia-Hypothese sehr ähnlich ist, aber quantitativer und prinzipiell überprüfbar. Die Wärmekraftmaschine in Form der physikalischen Prozesse im Erdsystem verrichtet Arbeit und treibt so die Luftbewegung, den Wasserkreislauf und so weiter an. Und das Leben betreibt Photosynthese und setzt dabei chemische Energie frei. Diese Energie kann genutzt werden, um die Erde chemisch umzuwandeln, was im Laufe der Erdgeschichte kontinuierlich geschehen ist. Durch die Entstehung des Lebens und die Photosynthese wurde etwa die Erdoberfläche oxidiert. Danach reicherte sich Sauerstoff in der Atmosphäre an. Später gab es neue Lebensformen, die diesen Sauerstoff besser nutzen konnten, und so weiter. Da das Leben auf CO_2, also auf Kohlenstoff, basiert, hat sich auch der Treibhauseffekt im Laufe der Erdgeschichte radikal verändert. Dies führt zu Veränderungen der Temperatur und des Strahlungsantriebs, also den Randbedingungen des Kraftwerks, welches das Klimasystem in Gang hält. Andererseits hängt das Leben stark vom Klimasystem ab. Insofern kann man sich schon vorstellen, dass das Leben dieses Kraftwerk so verändert hat, dass es selbst mit maximaler Leistung arbeiten kann. Im Erdsystem geht es also nicht um die Regulierung der Temperatur oder der Windgeschwindigkeit, sondern um die Maximierung der Leistung.

Letztlich sorgen also thermodynamische Grundprinzipien dafür, dass sich die Erde wie ein „Superorganismus" ständig weiterzuentwickeln scheint?
In gewisser Weise. Diese Metapher des Organismus stammt aus Diskussionen, die Lovelock mit der Mikrobiologin Lynn Margulis führte. Unter Biologen stößt der Begriff „Superorganismus" zum Teil auf Ablehnung, aus den unterschiedlichsten Gründen. Dazu eine kurze Anekdote: Als ich als Assistenzprofessor in Maryland anfing, war ich mit einem Programm für Ökologen verbunden. In einer Kaffeepause hatte ich erwähnt: „Ja, ich interessiere mich auch für die Gaia-Hypothese", und die Antwort war: „Ah, von den Typen, die in den Siebzigerjahren zu viel Gras geraucht

haben." Ich glaube, das ist eine weit verbreitete Einstellung unter Biologen. Zum Teil könnte dies auf die Terminologie des „Superorganismus" zurückzuführen sein, aber ein ganz anderer und wichtiger Aspekt ist der Systemansatz. Ein bisschen zugespitzt formuliert: Ein Biologe interessiert sich nur für einen einzelnen Organismus. Man muss jedoch die Gesamtheit des Erdsystems betrachten, um zu einer Aussage wie der Gaia-Hypothese zu gelangen. Lebewesen verändern ihre Umwelt und damit die Randbedingungen für das physikalische System. Dies wiederum führt zu einer Veränderung der Randbedingungen für die Biosphäre und damit für das Leben. Diese Rückkopplungen wirken auf sehr langen Zeitskalen, aber auf erdgeschichtlicher Basis kommen sie natürlich irgendwann zum Tragen.

Wie Sie beschrieben haben, sind Ihre Modelle eher konzeptioneller Natur. Was motiviert Sie, sich mit diesen eher einfachen Modellen zu beschäftigen und nicht den gleichen Weg zu gehen wie andere, die ihre Modelle immer komplizierter machen?
Modelle einfach nur komplexer zu machen, finde ich nicht befriedigend. Natürlich haben komplexere Modelle einen Nutzen, nämlich dass sie viel detailliertere Vorhersagen machen können. Dagegen kann man mit konzeptionellen Modellen besser verstehen, welche Prozesse in einem System eine wichtige Rolle spielen. Häufig stellt sich nämlich heraus, dass gar nicht die gesamte Komplexität dafür berücksichtigt werden muss. Ich möchte noch hinzufügen, dass einige konzeptionelle Modelle auch wirklich gute Vorhersagen machen. Wir haben zum Beispiel ein Modell für das Potenzial der Windenergie. In diesem Modell platzieren wir Windparks in der Nordsee und untersuchen, wie viel kinetische Energie die Atmosphäre einbringt. Wie viel geht durch Reibung verloren? Wie viel Bewegungsenergie entziehen die Windturbinen dem Wind? Wie viel wandeln sie in elektrische Energie um? Anhand von Beobachtungsdaten über Windgeschwindigkeiten kann man dann eine einfache Tabellenkalkulation durchführen. Damit erhält man Abschätzungen, die mehr oder weniger so gut sind wie die eines hochkomplexen Wettervorhersagemodells. Das zeigt sehr schön und anschaulich, dass man den wichtigsten Prozess identifiziert hat, inklusive der relevanten Rückkopplungen. Je mehr Turbinen es gibt, desto mehr Bewegungsenergie wird abgeführt, und desto mehr wird die

Windgeschwindigkeit reduziert. Das hört sich zwar trivial an, ist es aber nicht.

Ihre Kernmotivation ist also, dass das Verständnis im Vordergrund steht?
Ja, genau. Ich finde, es gibt da eine riesige Lücke in der Klimaforschung, weil sie sich sehr einseitig auf „je höher die Auflösung, desto besser" fokussiert, anstatt zu sagen: „Lass uns genau das Gegenteil machen." Einstein hat ja gesagt, dass eine Theorie so einfach wie möglich sein sollte, aber nicht einfacher. Eben das geben uns die Klimamodelle nicht. Sie gehen genau in die entgegengesetzte Richtung.

Seit einigen Jahren wird diskutiert, ob die vom Menschen verursachten Veränderungen des Erdsystems so groß sind, dass wir uns in einer neuen erdgeschichtlichen Epoche, dem sogenannten Anthropozän, befinden. Was können Sie zum Begriff „Anthropozän" aus der Perspektive Ihrer Forschung sagen?
Da gibt es ein sehr klares Bild. Die Erde erhält viel Energie aus der Sonneneinstrahlung. Die Menschheit verbraucht zwar nur einen minimalen Anteil davon, aber wir ernähren uns nicht von Wärme. Wir brauchen sogenannte „freie Energie", um unseren Stoffwechsel aufrechtzuerhalten oder Arbeit zu verrichten. Wenn wir uns ansehen, wie viel freie Energie wir verbrauchen, lässt sich unser Energieverbrauch viel eher mit den Prozessen im Erdsystem vergleichen. Die Leistung der Atmosphärenbewegung beträgt etwa 1.000 Terawatt und die windgetriebene Zirkulation des Ozeans liegt in der Größenordnung von 5 Terawatt. Wenn wir das mit den 18 bis 20 Terawatt des menschlichen Energieverbrauchs vergleichen, sehen wir, wie gewaltig unsere Rolle im Erdsystem wirklich ist.

Wir wollen nun darauf eingehen, was Nachhaltigkeit in diesem Zusammenhang bedeuten kann. Auf welche Weise könnten die Aktivitäten der Menschheit dem Erdsystem zugutekommen?
Bisher haben wir der Biosphäre durch die Landwirtschaft Energie entzogen, um unsere Ernährung zu sichern, und im Prinzip entziehen wir auch dem Klimasystem Energie, etwa durch Windräder, Staudämme und so weiter. Es steht also weniger Energie für natürliche Prozesse zur Verfügung, was

z. B. bedeutet, dass die Winde etwas schwächer werden. Das hat zur Folge, dass die für menschliche Nutzung verfügbare Windenergie begrenzt ist.

Das klingt zunächst etwas deprimierend, aber es gibt bereits heute eine andere Möglichkeit: Photovoltaik erzeugt Energie aus Sonnenlicht, aber viel effizienter als die Photosynthese. Sie benötigt weder CO_2 noch Wasser und gibt die Energie einfach als elektrischen Strom ab. Mit der Photovoltaik können wir Energie direkt aus Sonnenlicht erzeugen, ohne sie der Umwelt zu entziehen. Dadurch können wir die Erde insgesamt leistungsfähiger machen. Mit der gewonnenen Energie können wir zum Beispiel Meerwasser durch Membranen entsalzen, was sehr viel weniger Energie benötigt als der natürliche Prozess von Verdunstung und Kondensation. Das Wasser könnte dann verwendet werden, um die Produktivität der Biosphäre in Gebieten zu erhöhen, die derzeit nicht produktiv sind, etwa durch die Begrünung von Wüsten. Also könnte durch einige Technologieformen das Agieren der Menschen nachhaltiger werden.

Gibt es Grenzen für das Potenzial der verschiedenen Formen erneuerbarer Energien?
Ja, letztlich kann man sich das auch wieder hierarchisch vorstellen. Das größte Potenzial hat man, wenn man die Sonne direkt nutzt. Wärmeunterschiede an der Erdoberfläche führen zu Wind, also hat der Wind das zweitgrößte Potenzial. Wind erzeugt unter anderem Wellen, aber da ist dann nicht mehr viel Leistung übrig. Es gibt Ideen, die Meeresströmungen zu nutzen, aber deren Potenzial ist noch viel geringer. Deswegen ist ganz klar: Selbst in Deutschland hätte die Solarenergie das mit Abstand gewaltigste Potenzial. Zu Beginn einer meiner Vorlesungen frage ich die Studierenden immer: „Wie schätzen Sie denn die verschiedenen Formen der erneuerbaren Energien ein? Wie viel Strom können sie theoretisch produzieren?" Solarenergie wird nie hoch bewertet, aber am Ende des Semesters wissen sie es besser.

Der Ausbau erneuerbarer Energien kann auch unterschiedliche Auswirkungen auf das Erdsystem haben. Wenn man zum Beispiel Photovoltaikmodule auf einem Acker anbringt, dann ist der Acker danach womöglich weniger produktiv. Man hat die Produktivität der Biosphäre verringert. Stattdessen könnte man damit eine sowieso schon versiegelte Fläche, etwa ein Hausdach, produktiver machen.

Bei der Windenergie ist es hingegen so, dass je mehr Windenergie wir nutzen, desto mehr nehmen wir der Atmosphäre weg. Insbesondere der Offshore-Windenergie stehe ich inzwischen sehr kritisch gegenüber, weil sie zu weniger Reibung an der Meeresoberfläche führt. Weniger Reibung bedeutet weniger Wellenbildung, und weniger Wellenbildung bedeutet weniger Durchmischung des Ozeans. Diese Durchmischung ist jedoch essenziell, um die tieferen Meeresschichten mit Sauerstoff zu belüften, sie mit Nährstoffen zu versorgen und ihre Produktivität aufrechtzuerhalten. In gewisser Weise sägt man also den Ast ab, auf dem man sitzt.

Würden Sie sagen, dass die Windenergie im Vergleich zur Solarenergie so deutliche Nachteile hat, dass der Ausbau von Windkraftanlagen sofort gestoppt werden sollte? Oder haben sie doch noch eine Daseinsberechtigung?
Gerade mittelfristig hat die Windenergie durchaus eine Daseinsberechtigung, vor allem an Land. Das aktuelle deutsche Ausbauziel von 160 Gigawatt Leistungsertrag aus Windenergie an Land bis 2040 würde nur etwa 2 Prozent dessen ausmachen, was ohnehin durch Reibung über Deutschland verloren geht, also nicht viel. Der Unterschied zu Offshore besteht darin, dass die Offshore-Flächen in Deutschland viel kleiner sind und dort eine viel höhere Dichte an Windkraftanlagen geplant ist. Außerdem ist die Dynamik unterhalb der Meeresoberfläche hauptsächlich windgetrieben, während das bei Bodenprozessen an Land nicht der Fall ist. Daher sind die Auswirkungen der Windenergieentnahme an Land nicht annähernd so groß. Zudem ergänzt sich Windkraft im Allgemeinen super mit Solarenergie, da sie auch im Winter ertragreich ist, während die Solarenergie hauptsächlich im Sommer stark ist. Es liegt auch auf der Hand, dass die Windenergie viel nachhaltiger als jede Form von fossiler Energie ist. An dieser Stelle möchte ich anmerken, dass ich mich nicht auf die technische Umsetzung der erneuerbaren Energien spezialisiert habe, sondern auf ihre Auswirkungen auf das Erdklimasystem. Ich finde, dieser Blick auf das Ganze hat seine Richtigkeit und kommt häufig zu kurz. Aus Erdsystemperspektive ist die Photovoltaik langfristig die vielversprechendste erneuerbare Energiequelle, während sich Windkraft vor allem mittelfristig als Übergangstechnologie lohnt.

Wir wollen kurz ein anderes Thema ansprechen, das vielleicht sehr wenige Menschen auf dem Schirm haben: die Klimawissenschaft in Bezug auf andere Planeten, also Astrobiologie oder Astroklimatologie. Sie haben eine Skala mitentwickelt, die Exoplaneten anhand ihres Fußabdrucks an freier Energie in fünf verschiedene Klassen unterteilt. Inwiefern kann uns diese Beschäftigung mit Exoplaneten beim Verständnis der Entwicklung unseres eigenen Erdklimasystems helfen?
Das ist eine gute Frage. Unser Verständnis des Erdsystems basiert auf einer Stichprobe der Größe eins. Aber vielleicht ist das Leben gar nicht so besonders. Das ist im Moment eher eine philosophische Debatte, weil niemand irgendwelche Beweise dafür hat. Ich finde das ziemlich faszinierend und habe mich zusammen mit einem Astrophysiker aus den USA, Adam Frank, damit beschäftigt. Wir haben uns gefragt, ob der Klimawandel und die globale Erwärmung vielleicht gar nichts Besonderes sind. Vielleicht hat es das schon auf anderen Planeten gegeben, die von höheren Lebensformen bewohnt werden. Alle Lebensformen, die wir kennen, benötigen Energie, und diese Energie muss irgendwoher kommen. Deshalb denke ich, dass unsere Entwicklung ein typisches Phänomen ist. Wir verbrauchen derzeit zu viel fossile Brennstoffe. Das ist wie ein Sparkonto, das man weitgehend aufbraucht, ohne sich ein Einkommen zu verschaffen. Es wäre spannend, wenn man Anzeichen dafür auch auf anderen Planeten sehen könnte. Was ich daran frustrierend finde, ist, dass wir es vielleicht nie erfahren werden.

Mit Ihrem Blog Earthsystem.org, durch Artikel in *Physik in unserer Zeit* oder über Twitter informieren Sie über Ihre Forschungsergebnisse oder andere Erkenntnisse der Klimaforschung. Was hat Sie dazu motiviert, sich in der Wissenschaftskommunikation zu engagieren?
Einer der Chefredakteure von *Physik in unserer Zeit* kontaktierte mich wegen meiner Arbeit über die Hierarchie des Erdsystems und fragte mich, ob ich einen Artikel für sie schreiben würde. Beim Schreiben habe ich gemerkt, dass es schön ist, Sachen etwas einfacher zu beschreiben und damit ein breiteres Publikum zu erreichen. Ich finde es wichtig, zu kommunizieren, welche Erkenntnisse man aus seiner eigenen Forschung gewonnen hat, da wir alle aus Steuergeldern bezahlt werden. Im Mai gehe

ich zum Beispiel auf eine Lehrerfortbildung in Weimar, die von Harald Lesch organisiert wird. Da geht es darum, Konzepte zu entwickeln, mit denen man den Klimawandel und die Energiewende besser in die Schulbildung einbringen kann. Ich finde es wichtig, mit der Vermittlung dieser einfachen Erkenntnisse so früh wie möglich anzufangen.

Warum haben Sie sich dazu entschieden eine wissenschaftliche Karriere in der Klimaforschung zu beginnen?
Als Teenager in den Achtzigerjahren fand ich Computer total cool und wollte irgendwas mit Robotern studieren. Ich habe mit Elektrotechnik angefangen und fand es ganz schrecklich. Nach eineinhalb Semestern habe ich auf einer Schulfeier meinen ehemaligen Physiklehrer getroffen, der mal eine Promotion in Meteorologie angefangen hatte. Ich sagte ihm: „Ich schmeiß das hin und wechsle zur Physik". Er antwortete: „Axel, das habe ich erwartet." Also habe ich Physik studiert und Meteorologie als Nebenfach genommen. In den USA machte ich meinen Abschluss in Physik und wollte eigentlich in Richtung theoretische Festkörperphysik gehen. Ich hatte auch schon eine Doktorandenstelle in Deutschland in Aussicht, aber dann habe ich einen Kurs über Klimamodellierung belegt, weil ich Meteorologie als Nebenfach belegt hatte. Einerseits war es cool, mit Computern zu arbeiten, aber vielleicht noch wichtiger war der sehr motivierende und engagierte Professor, der den Kurs unterrichtet hat. Also dachte ich, dass ich vielleicht bei den Meteorologen in Hamburg promovieren könnte, und legte meiner Bewerbung gleich ein Empfehlungsschreiben des Professors bei. Die Antwort lautete: „Wann wollen Sie denn anfangen?" Das zeigt, was für einen erheblichen Unterschied einzelne Menschen manchmal machen, wenn sie einen begeistern können.

Sind Sie bei der Etablierung Ihrer unkonventionellen Ansätze in der Wissenschaftslandschaft auf Hindernisse gestoßen?
Ja, regelmäßig. In dieser Hinsicht ist es nicht hilfreich, die Dinge zu vereinfachen und Sachen anders zu machen. Jeder weiß, dass man ein ausgeklügeltes neues Klimamodell nicht im Detail verstehen kann. Jedoch werden die Gutachter niemals zugeben, dass sie keine Ahnung haben, und deshalb werden sie den Ansatz nicht kritisieren. Wenn man dagegen etwas Einfaches veröffentlichen will, verstehen die Gutachter das und ste-

hen neuen Ideen zunächst skeptisch gegenüber. Deshalb ist es manchmal schwierig, meine Arbeit zu veröffentlichen. Andererseits habe ich gelernt, Ideen besser zu vermitteln. Man erkennt, wo der Haken an der Geschichte ist, wo Denkmuster vielleicht verkehrt oder irgendwelche Einschätzungen falsch sind. Dementsprechend kann man beim Schreiben Vorkehrungen treffen. Mittlerweile fasst meine Idee immer mehr Fuß. Ende des Monats fahre ich wieder für zwei Wochen nach Indien, um eine ganze Reihe von Vorträgen zu diesem Thema zu halten.

Auf welches Ergebnis Ihrer Forschung sind Sie am meisten stolz?
Besonders stolz bin ich auf meine Arbeit zur Offshore-Windenergie. Das ist Grundlagenforschung mit direkter praktischer Anwendung, bei der es um Milliarden von Euro pro Jahr geht. Es zeigt auch, wie wichtig die Grundlagenforschung ist. Als wir uns vor zwölf Jahren die Frage gestellt haben, wie viel Windenergie maximal erzeugt werden kann, klang das für andere viel zu abstrakt, um interessant zu sein. Irgendwann wurden wir bei einem „Agora Energiewende"-Workshop mit der Gruppe des Physikers Jake Badger aus Dänemark zusammengebracht. Daraus entwickelte sich eine sehr produktive Zusammenarbeit. Der bei Agora Energiewende erstellte Bericht hatte sogar Einfluss auf die Planung der deutschen Offshore-Gebiete. Er erreichte auch die Wirtschaft und hatte signifikante Auswirkungen. Kurz vor der Veröffentlichung unseres damaligen Gutachtens hatte der weltweit größte Offshore-Windparkbetreiber seine Leistungsprognosen gesenkt. Man müsse berücksichtigen, dass Windparks ja auch die Windgeschwindigkeit reduzieren, hieß es. Das könnte ein Zufall sein, aber ich hatte mich einige Monate zuvor mit deren Wissenschaftlern in Hamburg getroffen.

Welche Entwicklung in der Klimaforschung macht Ihnen Hoffnung?
Ein positiver Aspekt ist, dass die Neugierde auch außerhalb des Fachgebiets groß ist, sowohl im akademischen Bereich als auch in der breiten Öffentlichkeit. Inzwischen wird den Menschen die Existenz des vom Menschen verursachten Klimawandels auch anhand eigener Erlebnisse bewusst. Es findet ein Umdenken statt und ich glaube nicht, dass das viel mit Klimaforschung an sich oder mit höher aufgelösten Modellen zu tun hat. Der kritische Punkt ist die Kommunikation, denn die Konzepte und

das Wissen sind vorhanden. Viele komplexe Systeme lassen sich mit einfachen konzeptionellen Modellen verstehen. Diese Modelle sind meiner Meinung nach am besten dafür geeignet, um die Klimaforschung der Öffentlichkeit zu vermitteln.

Literatur

Kleidon A (2023) Working at the limit: a review of thermodynamics and optimality of the Earth system. Earth Syst Dyn 14(4):861–896. https://doi.org/10.5194/esd-14-861-2023

7

Sandy Harrison: „Pflanzen denken nicht wie Physiker*innen"

Lena Hilf und Johanna Schneider

Zur Person: Sandy Harrison ist Professorin für Globales Paläoklima und Biogeochemische Kreisläufe an der Universität Reading in Großbritannien. Ihre Karriere startete sie in Cambridge, wo sie das Klima der Vergangenheit erforschte. Zusammen mit John Kutzbach, einem der ersten Klimamodellierer, arbeitete sie anschließend an der Madison University. Für die Klimaforschung war damals vor allem die Atmosphäre relevant, im Laufe ihrer Karriere setzte sie sich aber auch mit der terrestrischen Biosphäre und deren Wechselwirkung mit dem Klima auseinander. Des Weiteren befasst sie sich mit Modellevaluation und Paläoklimaforschung.

Date of Interivew: January 10, 2023

L. Hilf (✉)
Universität Heidelberg, Heidelberg, Deutschland
E-Mail: lena.hilf@stud.uni-heidelberg.de

J. Schneider
Universität Freiburg, Freiburg, Deutschland

© Der/die Autor(en), exklusiv lizenziert an Springer-Verlag GmbH, DE, ein Teil von Springer Nature 2025
G. Lohmann (Hrsg.), *Klimagespräche*, https://doi.org/10.1007/978-3-662-70420-2_7

Sandy Harrison

Erinnern Sie sich an den Moment, in dem Ihnen klar wurde, was der aktuelle Klimawandel für die Welt bedeutet?
Ich habe mich mit dem Klimawandel aus einer paläoklimatischen Perspektive heraus beschäftigt, mit der Vorstellung, dass das Klima immer Veränderungen unterliegt. Als wir dann festgestellt haben, dass menschliche Aktivitäten einen großen Einfluss auf das Klima haben, war das also keine Überraschung mehr. Dann wurde uns klar, dass wir diesen Klimawandel nur mit Hilfe von Klimamodellen verstehen können. Wenn man es langfristig betrachtet, erkennt man, dass die jetzigen Klimaveränderungen nicht ungewöhnlich sind. Die Ursache ist ungewöhnlich, aber die Art der Klimaveränderungen ist es nicht. Konkret bedeutet das: Sollten wir uns über den Klimawandel Sorgen machen? Für den Planeten lautet die Antwort Nein, aus Sicht der Menschheit lautet sie Ja.

Welches ist Ihrer Meinung nach das wichtigste Thema in der Klimaforschung, das derzeit noch nicht ausreichend verstanden wird?
Welche Rolle Pflanzen für das Klima spielen. Wir haben letztes Jahr ein Projekt begonnen, in dem wir versuchen, neue Modelle für die terrestrische Biosphäre und ihre Wechselwirkung mit dem Klima zu entwickeln. Ich habe mich an diesem Projekt beteiligt, weil die terrestrische Biosphäre zum einen unser Lebensraum ist und zum anderen der Ort, von dem wir den Großteil unserer Nahrung beziehen. Sie ist bisher von Klimamodellierer*innen nicht gut untersucht worden. Die meisten der Modellkomponenten, die wir derzeit verwenden, konzentrieren sich auf die Physik. Pflanzen werden auf der Grundlage der Physik modelliert, nicht auf der Grundlage der Ökologie. Das ist einer der Bereiche, an denen wir wirklich arbeiten müssen.

Auf der Erde gibt es viele verschiedene Arten – ist es möglich, diese Vielfalt in Klimamodellen darzustellen?
Wir haben eine Trumpfkarte, weil die Evolution funktioniert. Ja, wir haben eine große Artenvielfalt. Aber die Regeln, wo welche Pflanzen wachsen, werden durch Ökologie und Evolution bestimmt. Die Idee ist, dass Pflanzen bereits an Orten wachsen, an die sie angepasst sind. Wenn es kleine Klimaveränderungen gibt, passen sie sich daran an, indem sie ihre Physiologie ändern. Bei größeren Veränderungen passen sie sich an, indem sie ihre Vegetationsperiode ändern. Bei wirklich großen Veränderungen passen sie sich durch Migration an.

Ein Ansatz für die Modellierung ist, dass man die sehr diverse Biosphäre vereinfacht, indem man annimmt, dass alles bereits angepasst ist und die Frage nur noch ist: Woran ist sie angepasst? An welche Elemente des Klimasystems und ihrer Umgebung sind die Pflanzen angepasst? Ich denke, sich nur diesen Fragen zu stellen, vereinfacht bereits vieles.

Bei einem physikalischen Ansatz muss man die Physik jedes Prozesses für jede einzelne Art kennen. Hingegen besagt unser Ansatz: Die Pflanzen wissen bereits, was gut für sie ist. Das ist eine bahnbrechender Wandel, der erst in den letzten Jahren stattgefunden hat: die Erkenntnis, dass Darwin Recht hatte.

Gibt es einen Ansatz, um die Vegetation auf bestimmte Pflanzeneigenschaften zu reduzieren?
Ja. Eine der wichtigsten Pflanzeneigenschaften im Hinblick auf das Klima ist der Kompromiss zwischen der Aufnahme von Kohlenstoff und dem Verlust von Wasser, die sogenannte stomatäre Leitfähigkeit. Pflanzen müssen CO_2 aus der Atmosphäre aufnehmen, um zu wachsen. Dabei öffnen sie die Spaltöffnungen ihrer Blätter, die Stomata, was zu Wasserverlust führt. Je nach ihren Umweltbedingungen müssen sie ihre Bedürfnisse abwägen. An einem sehr trockenen Ort sollte das Wasser geschützt, sprich die Stomata geschlossen werden, an einem feuchten Ort können sie offen bleiben. Diese Schlüsseleigenschaft der stomatären Leitfähigkeit hängt von der Interaktion zwischen Pflanzen und ihrer Umwelt ab.

Wie viel vernachlässigen wir dabei?
Das hängt von der Frage ab. Wenn wir uns nur dafür interessieren, wie viel Photosyntheseleistung stattfindet, dann kann man ein ganz einfaches Modell verwenden. Wenn man an der Veränderung der Albedo interessiert ist, braucht man schon ein etwas komplexeres Modell mit mehr Kategorien: Man benötigt immergrüne Bäume im Vergleich zu laubabwerfenden Bäumen im Vergleich zu Unterholz. Es gibt keine „sechs Merkmale, die die Welt definieren", aber für jeden Prozess kann man sich wahrscheinlich auf eine kleine Anzahl an Kategorien einigen, die einen interessieren. Die Frage ist nur: Wie viele Kategorien ergeben sich, wenn man Prozesse zusammenfasst? Diese Frage haben wir noch nicht geklärt, aber die Datenanalyse von Pflanzeneigenschaften legt nahe, dass wir dafür nicht jede einzelne Art im Modell abbilden müssen – es sei denn, man ist an der biologischen Vielfalt selbst interessiert. Wir haben zum Beispiel Pflanzendaten über die Form und Funktion von Blättern analysiert. Oft entwickeln zwei Pflanzen völlig unterschiedliche Merkmale aus, um das gleiche Ziel zu erreichen. Denken Sie an Pflanzen in sehr trockenen Umgebungen: Einige von ihnen kommen damit zurecht, indem sie sehr kleine Blätter haben, andere, indem sie überhaupt keine Blätter haben. Es gibt viele unterschiedliche Strategien, die Pflanzen anwenden können, um sich an dieselbe Umgebung anzupassen. Das ist vermutlich die Ursache für die große Artenvielfalt, die wir haben.

Was sind Ihrer Meinung nach die wichtigsten Klimamechanismen, die von der Biosphäre beeinflusst werden?
Der erste Mechanismus ist die Albedo der Landoberfläche, die beeinflusst, wie viel Strahlung absorbiert und wie viel in die Atmosphäre reflektiert wird. Dies wird in hohem Maße von der Menge und der Art der Vegetation gesteuert. Der zweite Mechanismus ist der Kohlenstoffkreislauf: Ob Kohlenstoff aus der Atmosphäre aufgenommen oder in sie abgegeben wird, hängt von den Pflanzen ab. Der dritte Bereich ist der Wasseraustausch. Pflanzen spielen eine wichtige Rolle bei der Kontrolle dieses Austauschs und der Art und Weise, wie er zwischen der Landoberfläche und der Atmosphäre stattfindet.

Wie wichtig ist die biologische Vielfalt für das Klima, und wie wirkt sie sich auf das Klima aus?

Die biologische Vielfalt selbst ist wahrscheinlich nicht wichtig für das Klima, aber sie ist wichtig, damit die Vegetation mit Klimaveränderungen zurechtkommt. Wir haben so ein großes Artenreichtum, weil wir uns an kurzfristige, langfristige und sehr langfristige Schwankungen anpassen müssen. Es gibt viele Strategien, wie sich Pflanzen anpassen können, und sie hängen wahrscheinlich davon ab, wie groß die natürlichen Klimaschwankungen sind. Für mich ist die biologische Vielfalt eine *Reaktion* auf das Klima. Was den Energie-, Wasser- und Kohlenstoffaustausch betrifft, so könnte man wahrscheinlich überall Kiefernwälder haben, und das wäre gar nicht so schlecht. Aber natürlich wünschen wir uns eine artenreiche terrestrische Biosphäre, weil sie über viele Ressourcen verfügt und widerstandsfähiger gegenüber Klimaschwankungen ist.

Wie wirken sich Vegetation, Klima und Waldbrände aufeinander aus?

Sie alle beeinflussen sich gegenseitig. Die Vegetation ist der Treibstoff. Und je nach Art und Umfang der Vegetation gibt es sehr unterschiedliche Feuerregime. In Savannen gibt es viele Bodenbrände, weil es dort viel Gras gibt. In Eukalyptuswäldern kommt es zu Kronenbränden, weil es viel holziges Material gibt, das brennen kann. Das Klima kann Einfluss nehmen, indem es die Vegetation austrocknet. Wenn es eine kurze Zeit lang sehr trocken ist und dann regnet, werden die Brände gestoppt. Brände wiederum haben eine direkte Auswirkung auf das Klima, weil sie Gase und Ruß in die Atmosphäre emittieren. Indem sie die Vegetation vernichten, verändern sie die Albedo, und indem sie Asche und andere Materialien auf die Böden bringen, verändern sie die Hydrologie. Wenn ein Feuer ausbricht, wird sich die Vegetation regenerieren. Manche Vegetation ist an Feuer angepasst und regeneriert sich sehr schnell. Aber wenn ein großes Feuer durch einen borealen Wald zieht, ist er für Jahrzehnte zerstört. Feuer hat den Effekt, dass die Vegetation entweder neu entsteht oder sich verändert. Es ist eine sehr komplexe Kette: Das Klima wirkt sich auf die Vegetation aus, die Vegetation wirkt sich auf das Feuer aus, das Feuer wirkt sich auf die Vegetation aus, und dann hat das Feuer wieder einen direkten Einfluss auf das Klima. Ich glaube nicht, dass wir ein vollständiges Bild dieser Wechselwirkungen haben, und es gibt bisher keine Modelle, die echte Brände beinhalten.

Welche Auswirkungen hat der Mensch auf Waldbrände? Ist es nur das Entstehen von Waldbränden?
Die meisten Menschen würden an das Auslösen von Bränden denken, sei es aus Versehen oder absichtlich. Das ist aber eigentlich nur ein relativ geringer Einfluss des Menschen auf Brände. Die Unterdrückung von Bränden durch den Menschen ist viel wichtiger. Wir fragmentieren die Landschaft durch Ackerland und den Bau von Straßen, sodass sich Brände nicht so weit ausbreiten können. Betrachtet man die Holzkohledaten zu den Bränden der letzten 2000 Jahre, so zeigt sich, dass die Brandspitzen im 20. Jahrhundert zurückgingen, weil der Mensch die Landschaft immer mehr zerstückelte. Die Rolle der Landschaftsfragmentierung variiert auch mit der Vegetation. Wenn man eine Savanne durch das Anlegen von Farmen fragmentiert, hat das kaum Auswirkungen auf das Feuerregime, da diese Landschaftsform an sich bereits relativ fragmentiert ist. Wenn man hingegen ein Gebiet fragmentiert, das eine kontinuierliche Vegetation aufweist und in dem es nur wenige Brände gibt, wie z. B. der boreale Wald, erhöht sich die Anzahl der Brände, weil man Wege schafft, auf denen die Brände entstehen können, und Bereiche, in denen der Brennstoff trocknen kann. Wenn man im feuerangepassten Mittelmeerraum die gleiche Fragmentierung vornimmt, wird die Zahl der Brände abnehmen.

Sie haben auch ökologische Prozesse im Ozean im Rahmen des Dynamic Green Ocean Project untersucht. Wie unterscheiden sich die Eigenschaften von Pflanzen im Ozean von denen auf dem Land?
Meiner Meinung nach ist der Ozean einfacher als die terrestrische Biosphäre, und auch die Merkmale, über die man nachdenken muss, sind einfacher, wobei das wichtigste Merkmal die Größe ist. Bei den Anpassungen der ozeanischen Biosphäre geht es eher um die vertikale Wanderung in der Wassersäule als um die horizontale Wanderung über Entfernungen wie bei terrestrischen Pflanzen. Aber ich glaube nicht, dass es

einen grundlegenden Unterschied in der Frage der Anpassung an die Umweltbedingungen gibt.

Ihre Forschungsgruppe „SPECIAL" (Sandy's Palaeo Environments and Climate Analysis) analysiert vergangene Klimata und erstellt riesige Datenbanken. Wie können diese Datenbanken bei der Vorhersage des künftigen Klimas helfen?
Der Hauptzweck dieser Datenbanken ist die Modellevaluation und das Verständnis von Klimaprozessen. Ein Beispiel ist die so genannte ACER-Datenbank, in der wir Daten über abrupte Klimaveränderungen in der Vergangenheit, den sogenannten „Dansgaard-Oeschger-Ereignissen", zusammenstellen. Das waren Zeiten einer abrupten Klimaerwärmung, in Grönland hatten wir Temperaturschwankungen zwischen 5 und 15 Grad in einem Jahrzehnt. Das ist ein Beispiel für einen so großen und schnellen Klimawandel, wie wir ihn für das 21. Jahrhundert erwarten. Das bedeutet, dass wir uns die Prozesse ansehen können, die zu diesen Klimaveränderungen geführt haben, sowie deren Auswirkungen untersuchen können. Wir haben unter anderem erforscht, wie sich diese Erwärmung in Grönland global auswirken wird: In den nördlichen Breitengraden äußern sich die Veränderungen im Wesentlichen in Form von Temperaturveränderungen, während sie in den Tropen sehr stark mit Veränderungen der Niederschläge zur Monsunzeit verbunden sind. Das ist das erste, was man mit diesen großen globalen Datenbanken tun kann, sich zu fragen, „Welcher Prozess findet gerade statt?".

Man kann auch fragen: „Werden diese Prozesse von den Modellen erfasst, die wir zur Vorhersage der Zukunft verwenden?" An dieser Stelle kommt die Modellevaluation ins Spiel. Im Großen und Ganzen geben die Modelle die Richtung der Veränderungen korrekt an, aber sehr oft unterschätzen sie das Ausmaß der Veränderungen. Somit kann man sagen, dass wir wahrscheinlich sowohl die Variabilität des Klimas im 21. Jahrhundert als auch das Ausmaß der Veränderungen unterschätzen, die wir durch die CO_2-Konzentrationen erhalten werden. Das ist eine Warnung, bei der Anpassung an den Klimawandel einen gewissen Sicherheitspuffer einzuplanen.

Haben Sie manchmal das Gefühl, dass Sie sich beim Studium von Proxy- und Paläodaten in der Vergangenheit verlieren, anstatt sich auf die Zukunft zu konzentrieren?
Das glaube ich nicht. Viele Leute konzentrieren sich auf die Zukunft, was ich für sehr gefährlich halte, weil wir nicht überprüfen können, ob wir Recht haben oder nicht. Wir geben uns sehr viel Mühe, die Zukunft vorherzusagen, was wirklich nicht wissenschaftlich ist. Was wir nutzen sollten, sind unsere Erfahrungen aus der Vergangenheit und der Gegenwart, um darauf zu achten, was wir tun müssen, um uns an die Klimaveränderungen anzupassen. Ich glaube nicht, dass wir bei 1,5 Grad bleiben werden, und ich glaube auch nicht, dass wir bei 2 Grad bleiben werden. Aber wir können auf die Vergangenheit blicken und sagen: „Wie passen wir uns an das an, was passieren wird?" Wir haben in der Vergangenheit gesehen, dass es jahrzehntelange Dürreperioden, riesige Brände und so weiter geben kann. Das wird auch in der Zukunft passieren. Wir wissen nicht, wann und wie genau, aber es wird passieren. Wir müssen diese Erfahrung nutzen, um unsere Vorstellungen von der Zukunft daran zu orientieren.

Wie hat sich die Vegetation in der Vergangenheit an diese Dansgaard-Oeschger-Ereignisse angepasst? Was müssen wir erwarten, wenn es zu einer Erwärmung kommt?
Die Vegetation hat sich stark verändert. In Südeuropa wechselte sie von einer offenen, sehr grasigen Vegetation in den Kaltzeiten zu einer baumbedeckten Vegetation in den Warmzeiten. Dies geschah in einem Zeitraum von 20 bis 100 Jahren. Die natürliche Vegetation wird sich an diese schnellen Klimaveränderungen anpassen. Wenn die Leute sagen: „Die Geschwindigkeit des Klimawandels im 21. Jahrhundert ist so hoch, dass sich die Biosphäre nicht anpassen kann", dann liegen sie meiner Meinung nach grundsätzlich falsch. Das einzige Problem ist, dass der Mensch die Landschaft fragmentiert hat. Bei den Dansgaard-Oeschger-Ereignissen gab es nichts, was eine Baumart daran gehindert hätte, zu migrieren. Wenn heute Samen auf einem Feld landen, werden sie im nächsten Jahr untergepflügt. Es gibt daher geringe, aber nicht grundlegende Einschränkungen in der Anpassungsfähigkeit der natürlichen Vegetation. Die Pflanzen werden sich anpassen, das ist für mich völlig klar.

Wenn man sich vorstellt, dass ein Baum seine Samen abwirft, verteilen sie sich normalerweise etwa einen Kilometer weit. Wenn man davon ausgeht, dass das ihr einziger Ausbreitungsmechanismus ist, kommt man zu den Berechnungen, die der IPCC beim letzten Mal angestellt hat: nämlich dass Baumarten sehr, sehr langsam migrieren. Wenn aber ein Vogel den Samen frisst und 20 km weit fliegt, bevor er ihn fallen lässt, oder sogar noch weiter, dann gibt es die sogenannten „Langstreckenzieher der Migration". Solche zufälligen Ereignisse reichen immer noch aus, damit eine Baumart migrieren kann – und wir können sehen, dass genau das passiert ist. Es sind gerade diese Ereignisse, die man nicht beobachten kann, bei denen das Paläoklima die Informationen liefert.

Wie hat sich die Klimamodellierung und der Aufbau von Datenbanken verändert, seit Sie in diesem Bereich forschen?
Was die Klimamodellierung angeht, so sind die Modelle immer komplexer geworden, es gibt immer mehr von ihnen, und immer mehr Menschen sind an der Entwicklung beteiligt. Es ist eine große Industrie geworden, in der jedes Land sein eigenes Klimamodell mit einem Team von 300 oder 400 Leuten hat. Als ich anfing mit Klimamodellen zu arbeiten, war unser Team an einer Universität angesiedelt und umfasste vielleicht ein halbes Dutzend Leute.

Diese großen Modelle sind viel weniger transparent und nicht so einfach zu nutzen, weil sie komplexer und schwieriger zu verstehen sind. Auch die Art und Weise, wie wir sie nutzen, hat sich verändert. Als wir mit Klimamodellen anfingen, waren sie in erster Linie ein Instrument zur Überprüfung von Hypothesen. Das macht für mich ein Modell aus. Wir fragten: „Können wir die Ausdehnung des Monsuns durch Veränderungen in der Erdumlaufbahn erklären – ja oder nein?" Das war die Art von Simulation, die wir gemacht haben. Jetzt sind die Modelle im Grunde genommen Projektionsmaschinen. Von ihnen wird erwartet, dass sie die Häufigkeit von Dürren in 20 Jahren usw. vorhersagen. Der Zweck von Modellen hat sich grundlegend geändert. Sie sind nicht mehr ein wissenschaftliches, sondern eher ein politisches Instrument.

Was die Datenbanken betrifft, so ist die größte Entwicklung Open Access. Als wir anfingen, Daten zusammenzustellen, gab es keinen Bedarf für Open Access. Es gab keine Möglichkeit, Dinge zu teilen, außer auf dem Postweg. Ich erinnere mich noch an meinen ersten Computer, als das Senden einer E-Mail-Nachricht sehr lange dauerte. Man tippte die Nachricht sehr langsam ein, und erst einen Tag später kam sie am anderen Ende an. Heutzutage erwarten wir sofortige Antworten und die Möglichkeit, online mit anderen zu sprechen. Ich glaube, dass sich die Zugänglichkeit und Reproduzierbarkeit von Daten verändert hat. Und das ist wirklich gut, denn allzu oft gingen nützliche und wertvolle Daten verloren, weil sie in der Schublade von jemandem lagen, der in den Ruhestand ging oder den Arbeitsplatz oder das Büro wechselte. Der gesamte Prozess des Publizierens und Forschens hat sich verändert. Es gibt viel mehr Schritte, die die Leute tun müssen, wenn sie etwas veröffentlichen.

Die Rolle der Biosphäre wird in den Klimamodellen oft nicht berücksichtigt. Glauben Sie, dass sich das jetzt ändert?
Die meisten Erdsystemmodelle, mit denen wir arbeiten, enthalten eine gewisse Darstellung der terrestrischen Biosphäre. Mein Problem damit ist, dass sie die terrestrische Biosphäre zu sehr vereinfachen. Sie übernahmen eine Technik, die wir bei der Erstellung des ersten biogeografischen Modells (BIOME) eingeführt haben, nämlich die Einteilung der Welt in funktionale Pflanzentypen. Die meisten Modelle haben zwischen fünf und dreizehn funktionale Pflanzentypen, was eine starke Vereinfachung ist. Gleichzeitig ist es aber auch zu komplex, weil für jeden dieser funktionalen Pflanzentypen Zahlen für alle Prozesse benötigt werden. Wie wir wissen, gibt es innerhalb eines Pflanzenfunktionstypus mehr Variationen als zwischen den Typen. Das wird schnell ziemlich kompliziert. Was in den Modellen wirklich fehlt, sind Waldbrände und ihre Wechselwirkungen mit der Vegetation. Es gibt noch so genannte feuerfähige Vegetationsmodelle (fire-enabled Vegetation Models), aber die werden nicht in den Erdsystemmodellen verwendet, die das Klima vorhersagen. Auch die Pflanzenhydraulik ist zu stark vereinfacht: Die Art und Weise, wie Pflanzen Wasser aufnehmen und wie sie auf Feuchtigkeitsveränderungen reagieren, wird in den Modellen nicht gut wiedergegeben. Deshalb ist das LEMON-TREE-Projekt so spannend, weil wir dort einige dieser Probleme angehen.

7 Sandy Harrison: „Pflanzen denken nicht wie Physiker*innen"

Sie nehmen an vielen Kooperationen teil – wie wichtig sind diese für die Klimaforschung?
Sie sind absolut wichtig. Die Zeiten, in denen man als einzelne*r Wissenschaftler*in losziehen und eine Entdeckung machen konnte, sind längst vorbei. Jetzt brauchen wir ziemlich große Teams. Dafür gibt es mehrere Gründe: Zunächst einmal ist interdisziplinäre Forschung wirklich entscheidend für das Verständnis des Klimawandels und des Erdsystems. Man kann nicht erwarten, dass jemand ein Experte für Pflanzen, Tiere, Klima und Wasser sowie für Statistik und Modellierung ist. Es ist sehr wichtig, Teams zusammenzustellen, die über unterschiedliche Fachkenntnisse und Perspektiven verfügen. Wenn man große Teams zusammenstellt, hat man auch eine größere Chance, die Prämissen, die man vorbringt, kritisch zu betrachten. Man vermeidet einen Bestätigungsbias, denn es gibt immer jemanden, der sagt: „Aber was wäre, wenn..."? Ich denke, das ist wirklich wichtig. Die Arbeit in großen Teams hat meine Karriere in der Forschung zum Klimawandel nicht nur sehr interessant, sondern auch sehr produktiv gemacht. Angefangen habe ich mit COHMAP (The Cooperative Holocene Mapping Project), bei dem etwa 60 Wissenschaftler*innen zusammenarbeiteten. Beim PMIP (Paleoclimate Modelling Intercomparison Project) kommen Hunderte von Wissenschaftler*innen zusammen, um sich mit Fragen zu befassen. Und beim Projekt LEMONTREE (Land Ecosystem Models based On New Theory, obseRvations and ExperimEnts), das wir gerade begonnen haben, arbeiten 50 Wissenschaftler*innen sehr intensiv an einem Thema.

Gab es einen Moment in Ihrer Karriere, den Sie besonders spannend oder überraschend fanden?
Meine erste Begegnung mit Klimamodellen war ein augenöffnender Moment. Ich war in der Lage zu sagen: Da will ich mitmachen. Das war in den frühen Tagen der Klimamodellierung.

Wie haben Sie die Hindernisse überwunden, als Nicht-Physikerin in das von Männern dominierte Gebiet der Klimamodellierung einzusteigen?
Ich hatte Glück, denn mein Mentor John Kutzbach war so ziemlich der am wenigsten sexistische Mann, dem ich je begegnet bin. Es stimmt aber,

dass die Wissenschaft im Allgemeinen immer noch ein ziemlich sexistisches Umfeld ist. Ich glaube, ich habe es überwunden, indem ich einfach unhöflich war. In diesem Umfeld muss man einfach sehr bestimmt sein.

Und es lohnt sich, daran zu denken, dass es neben der Physik noch andere Arten von Wissen gibt. Ich glaube, einer der Gründe, warum die Klimamodelle in Bezug auf die terrestrische Biosphäre generell versagt haben, ist, dass sie davon ausgehen, dass Pflanzen wie Physiker*innen denken – und das tun sie nicht.

Was sind die Vor- und Nachteile der Arbeit in einem interdisziplinären Bereich?
Der Nachteil ist, dass manche Fachleute denken, man wisse nichts. Ich habe in der Vergangenheit Situationen erlebt, in denen man mir unterstellt hat, nichts über ein bestimmtes Thema zu wissen. Man muss sein Wissen erst beweisen, bevor man in den Club aufgenommen wird. Aber natürlich lernt man verschiedene Perspektiven kennen, man versteht mehr über die Funktionsweise der Dinge. Die Welt selbst ist interdisziplinär. Wenn man anfängt, so zu denken, kann man besser verstehen, wie die Dinge funktionieren.

Auf welches Ergebnis Ihrer Forschung sind Sie besonders stolz?
Das ist schwierig. Ich bin immer von dem begeistert, was ich letzte Woche gemacht habe. Wenn ich eine Arbeit auswählen sollte, auf die ich besonders stolz bin, dann wäre es die Zusammenfassung unserer Pollenrekonstruktionen für das letzte glaziale Maximum und das mittlere Holozän. Der Grund, warum ich darauf stolz bin, ist, dass mehrere hundert Paläontolog*innen aus der ganzen Welt und wahrscheinlich 15 oder 20 Treffen nötig waren, um all diese Daten zusammen zu bekommen. Ich habe viel persönlich organisiert, Leute motiviert und ihnen Feuer unterm Hintern gemacht, damit sie ihre Daten abliefern, und ich habe meine Postdocs nachts durchmachen lassen, damit sie die Daten von Papierblättern in den Computer tippen. Es war ein wirklich stolzer Moment, als wir das Paper zusammen hatten und sagen konnten: „Das ist es, es ist fertig".

Welche Entwicklung in der Klimaforschung macht Ihnen Hoffnung?
Ich hoffe, dass es uns gelingt, die terrestrische Biosphäre besser in die Klimamodelle zu integrieren. Und ich hoffe, dass wir wieder dazu über-

gehen, Klimamodelle zum Testen von Hypothesen und Wahrscheinlichkeiten zu verwenden und nicht als „Das wird passieren"-Maschine. Diese Dinge möchte ich in den nächsten drei bis fünf Jahren verwirklicht sehen.

Wie viel Zeit haben Sie und Ihr Team damit verbracht, coole Akronyme für Ihre Projekte zu erfinden? Uns sind ein paar nette Abkürzungen aufgefallen.
Ich bin nicht sehr gut mit Akronymen, also überlasse ich das anderen. SPECIAL stammt von einem meiner Postdocs. LEMONTREE wurde von einem meiner Kolleg*innen im Projekt erfunden, der sehr gut darin ist, sich Akronyme auszudenken. Ich bediene mich also bei anderen Leuten. Das Logo von LEMONTREE ist ein echter Zitronenbaum, der im Büro einer der wissenschaftlichen Leiter*innen wächst. Wir haben dieses Akronym für den Antrag erfunden, sie hat einen Zitronenbaum gepflanzt, und als wir hörten, dass der Antrag finanziert wurde, blühte der Zitronenbaum. Jetzt bewahren wir diesen Zitronenbaum in der Hoffnung, dass er während der Laufzeit des Projekts Früchte tragen wird, und wenn das passiert, wird es auf der Webseite eine große Nachricht dazu geben *(lacht)*.

Würden Sie sagen, es ist eine gute Form des Kohlenstoffausgleichs, einen Baum zu pflanzen?
(lacht) Nein, das würde ich nicht. Nein. Zunächst einmal kann man nur dort Bäume pflanzen, wo sie auch wachsen. Ich erinnere mich, dass in China vor einigen Jahren, kurz vor den Olympischen Spielen in Peking, Hunderte von Kilometern mit Bäumen bepflanzt wurden, die dann alle abstarben, weil die Umgebung nicht für sie geeignet war. Ich denke, anstatt Bäume zu pflanzen, sollten die Menschen darüber nachdenken, wie sie die Ressourcen nutzen. Wenn wir unseren Energieverbrauch nicht einschränken, wenn wir nicht realistischer und verantwortungsbewusster mit den Ressourcen umgehen, wird alles, was wir zu tun versuchen, nur ein kleines Pflaster auf einer großen Wunde sein. Es gibt aber noch andere Gründe, Bäume zu pflanzen: Sie sind schön! Nur manchmal benutzen wir diese Dinge als Entschuldigung dafür, dass wir nichts unternehmen.

8

Stephan Weber: „Der Stadtkörper beeinflusst die lokale Atmosphäre auf viele Arten"

Paule Hainz, Lena Hilf, Lukas Schmitt und Leon Galbas

Zur Person: Stephan Weber (*1974) ist Professor für Klimatologie und Umweltmeteorologie am Institut für Geoökologie der Technischen Universität Braunschweig. Er studierte Physische Geographie und Klimatologie an der Ruhr-Universität Bochum. Im Jahr 2004 promovierte er im

---

Date of Interivew: February 3, 2023

P. Hainz (✉)
TU Braunschweig, Braunschweig, Deutschland
E-Mail: paule.hainz@web.de

L. Hilf
Universität Heidelberg, Heidelberg, Deutschland
E-Mail: lena.hilf@stud.uni-heidelberg.de

L. Schmitt
ETH Zürich/IBM-Research, Zürich, Schweiz
E-Mail: schmittlu@phys.ethz.ch

L. Galbas
Universität Bonn, Bonn, Deutschland

© Der/die Autor(en), exklusiv lizenziert an Springer-Verlag GmbH, DE, ein Teil von Springer Nature 2025
G. Lohmann (Hrsg.), *Klimagespräche*, https://doi.org/10.1007/978-3-662-70420-2_8

Bereich Stadtklimaforschung an der Universität Duisburg-Essen, wo er weiterhin als wissenschaftlicher Mitarbeiter tätig war. Heute liegen seine Forschungsschwerpunkte in den Bereichen Grenzschicht- und Stadtklimatologie, Mikrometeorologie und urbane Luftqualität.

Gideon Rothmann/Technische Universität Braunschweig

Inwieweit betrifft Sie der Klimawandel in Ihrem täglichen Leben?
Der Klimawandel beschäftigt mich als Thema, als Phänomen, aber auch als Problem und Herausforderung. Beruflich taucht er im Rahmen meiner Lehre auf. Ich mache keine klassische Klimaforschung im Sinne von Klimaentwicklung oder Klimahistorie, aber wann immer man sich mit Fragen der Veränderung von Umweltsystemen beschäftigt, geht es auch um den Einfluss des Klimawandels. Ich denke auch privat über den Klimawandel nach und stelle mir Fragen wie: „Was kann ich selbst tun? Wie funktioniert die energetische Sanierung der eigenen Wohnung oder des Hauses? Wie gestalte ich meine Mobilität?" Das sind Fragen, die fast jeden Tag eine Rolle spielen und die glücklicherweise in den letzten Jahren in der Gesellschaft viel mehr Verbreitung gefunden haben.

Hilft es, das Thema Klima- und Umweltprobleme zu intellektualisieren, oder wird es dadurch manchmal schwieriger?
Das macht es insofern einfacher, als dass man sowohl die Zusammenhänge als auch die Implikationen kennt. Ich weiß, dass es nicht nur ein Thema ist, das derzeit medial präsent und gesellschaftlich relevant ist, sondern ich kenne auch die Hintergründe. Ich glaube, dass vor allem das breite gesellschaftliche Wissen noch fehlt. Auch wenn wir seit vielen Jahren Wissenstransfer betreiben, frage ich mich oft, wie gut grundlegende Schwierigkeiten, Probleme und Prozesse in der breiten Bevölkerung verstanden werden. Ich würde vermuten, dass es viel einfacher wäre, auf den Klimawandel zu reagieren und Verantwortung zu übernehmen, wenn man die Zusammenhänge besser verstehen würde.

Woran mangelt es Ihrer Meinung nach am meisten, um als Gesellschaft Fortschritte im Klimaschutz zu erzielen?
Ich denke, es fehlt an Wissensvermittlung und Information, um bewusst handeln und entscheiden zu können, auch wenn es nur die kleinen Dinge sind. Für mich ist der naheliegendste Aspekt zu überlegen, wo man zum Beispiel die eigene Mobilität verändern kann. Man sollte die eigene Einstellung überdenken: Jeder Kilometer, den man nicht mit einem Kraftfahrzeug zurücklegt, hilft am Ende.

Wie sieht Ihr Arbeitsalltag aus?
Ich habe das Privileg, mein Berufsleben ziemlich frei planen zu können – theoretisch. Wichtige Eckpfeiler sind die Lehrveranstaltungen während des Semesters, die fest im Stundenplan terminiert sind. Andere sind Termine der universitären Selbstverwaltung, wie Gremiensitzungen, die regelmäßig stattfinden. Der andere Aspekt meiner Arbeit ist die Forschung, wobei diese sehr breit gefächert ist. Dazu gehört die Betreuung von Doktorand*innen in meiner Forschungsgruppe, von Abschlussarbeiten, die idealerweise forschungsorientiert sind, und Forschung als Freiraum, in dem ich selbst sitze, nachdenke und mit Daten arbeite. Ich denke, das moderne Leben eine*r Professor*in besteht immer weniger aus dem Letzteren, nämlich Dinge selbst zu tun, und immer mehr aus Ersterem, nämlich Forschende zu betreuen. Das ist nicht schlimm, man muss sich einfach daran gewöhnen.

Insofern gehören regelmäßige Termine zur Besprechung von Zwischenergebnissen, neuen Erkenntnissen, aber auch Schwierigkeiten und Problemlösungen zum Wochenprogramm. Obwohl Forschung häufig lange dauert, geht es manchmal auch sehr schnell: Man wird innerhalb von Sekunden von einem Artikel anderer Forschender inspiriert und sieht, wie dieser die eigene Forschung voranbringen würde, zum Beispiel durch eine vorgestellte Methode. Das sind immer schöne Momente.

Wie sind Sie zum Thema Stadtklima gekommen?
Das hat schon im Rahmen meines Studiums angefangen. Ich habe im Ruhrgebiet studiert, der städtische Raum war also schon immer ein

Thema. Während meines Studiums hatte ich einen Professor, dessen Forschungsschwerpunkte im Bereich der Niederschlagsklimatologie und der statistischen Klimatologie lagen, der aber auch eine Vorlesung über Stadtklimatologie hielt. Das fand ich damals schon sehr interessant, aber ich dachte auch, dass sich Stadtklima vor allem auf Überwärmung und die städtische Wärmeinsel konzentriert und man dazu schon recht viel weiß. Daher war das für mich nicht mehr ansprechend. Ursprünglich hatte ich keine wissenschaftliche Karriere als Ziel, die hat sich eher Schritt für Schritt ergeben. Nach meiner Diplomarbeit hatte ich Interesse an wissenschaftlicher Arbeit und habe mich nach Promotionsstellen umgeschaut. Am Ende bin ich an der Universität Essen (heute Duisburg-Essen) in einer Arbeitsgruppe für Stadtklimatologie gelandet. Dann habe ich gemerkt, dass mein ursprünglicher Gedanke zum Thema Wärmeinseln gar nicht falsch war. Durch die Verstädterung und den Klimawandel hat dieses Thema im Laufe der Jahre allerdings sehr viel mehr Bedeutung erlangt, auch unter dem Gesichtspunkt des Umgangs mit Überwärmung. Dies kommt in Städten noch sehr viel deutlicher zum Tragen als in den nicht verstädterten Bereichen.

Was sind weitere Forschungsaspekte der Stadtklimatologie?
Der städtische Körper wirkt sich auf vielfältige Weise auf die lokale Atmosphäre aus, da sich die Prozesse des Energieaustauschs zwischen der Oberfläche und der Atmosphäre verändern. Die verwendeten Materialien haben andere thermische Eigenschaften als die natürlichen Materialien im Umland oder natürliche Landflächen. Hinzu kommen geometrische Aspekte, wie die Dreidimensionalität der Stadtentwicklung. Dies sind eher indirekte Auswirkungen. Natürlich gibt es auch direkte Auswirkungen durch den Menschen, wie Wärmeemissionen und Emissionen von Spurenstoffen. In einer 250.000-Einwohner*innen-Stadt wie Braunschweig haben viele einen ähnlichen Tagesablauf, etwa den morgendlichen Weg zur Arbeit. Daraus ergeben sich klare Muster und Abläufe, wie z. B. Schadstoffspitzen im morgendlichen Berufsverkehr, aber wir machen auch viele verschiedene Dinge, was wiederum eine große Variabilität erzeugt, die es zu berücksichtigen gilt. Das ist das Spannende an der Stadtklimatologie.

Können städtische Klimaeffekte bereits heute in großskaligen Klimamodellen berücksichtigt werden?
Ja, das wird bereits getan. Es ist im Moment ein großes Thema und wird es wahrscheinlich auch in den kommenden Jahren sein. Nehmen Sie zum Beispiel die klassischen Wettervorhersagemodelle, die mit einer Auflösung arbeiten, bei der einzelne Gitterzellen mehrere Kilometer umfassen. Dort werden Städte immer noch sehr rudimentär abgebildet, nur auf der Grundlage ihrer veränderten Oberflächennutzung im Vergleich zu den umliegenden Gebieten (Meer, Land usw.). Es gibt jedoch auch regionale Modelle mit höherer Auflösung, die dann von den größeren Modellen angetrieben werden. Je höher die räumliche Auflösung, desto mehr urbane Prozesse werden dargestellt, aber immer noch sehr stark über die Oberflächennutzung. Man muss sich fragen, ob die typischen stadtklimatischen Prozesse in diesen Modellen ausreichend aufgelöst sind. Zum Beispiel muss die Dreidimensionalität der Bebauung noch als subskaliger Prozess dargestellt werden. Sie ist zwar irgendwo in der Gitterzelle enthalten, aber wir können sie nicht explizit auflösen. Die Herausforderung oder das Spannende ist – und jetzt verlasse ich mein eigentliches Fachgebiet – dass wir uns mit zunehmender Rechenleistung bei der Wettervorhersage auf eine Auflösung im Kilometermaßstab zubewegen. Und an diesem Punkt wird es äußerst spannend sein, stadtklimatische oder stadtmeteorologische Prozesse explizit abbilden zu können. Das wird hoffentlich zu einer besseren Wettervorhersage für Städte und ihr Umland führen.

Welche Auswirkungen haben Städte auf das regionale Klima?
Zwei wichtige Prozesse sind die unterschiedliche Wärmeaufnahme und -abgabe an die Atmosphäre im Vergleich zu einem nicht bebauten Standort. Städtische Materialien nehmen mehr Wärme auf, die dann verzögert wieder an die Atmosphäre abgegeben wird. Dieses Erwärmungs- und Abkühlungsverhalten von Stadt und Umland ist sehr unterschiedlich. Das ist der klassische Fall der städtischen Wärmeinsel. Die Stadt bleibt nachts wärmer und im Gegensatz zum Umland gibt sie diese Wärme auch wieder ab. Damit hängt auch die Frage zusammen, inwieweit Städte Niederschlag beeinflussen. Dies sind Prozesse, die durch Modellierung untersucht werden können.

Wie beeinflussen Städte die Niederschlagsmenge?
Diese Frage wird seit vielen Jahren untersucht, aber eine eindeutige Antwort gibt es noch nicht. Wir wissen, dass die Niederschlagsmenge im Windschatten der Stadt, im so genannten Lee, zunimmt. Eine Theorie ist, dass die Konvektion über der Stadt die niederschlagsauslösenden Prozesse antreibt. Es gibt auch Hinweise darauf, dass Städte herannahende Gewitter ablenken können. Dies wird als Bifurkation bezeichnet. Die Auswirkungen von Städten auf die Atmosphäre sind nach wie vor Gegenstand der Forschung.

Welche Auswirkungen hat der Klimawandel auf die Städte und das Klima in den Städten? Welchen globalen Einfluss haben die Städte auf den Klimawandel?
Die Mehrheit der Menschen lebt in Städten, und der Großteil der anthropogenen CO_2-Emissionen stammt aus städtischen Gebieten. Dort müssen wir ansetzen, und es gibt bereits viele Möglichkeiten für klimafreundlicheres Handeln und Klimaneutralität.

Ein Beispiel für den Einfluss des Klimawandels ist die Problematik, dass Städte Wärme besonders gut aufnehmen und auch halten. Während Hitzewellen kühlt es abends nicht mehr ab, die Gebäude bleiben warm. Das verkraften viele Menschen zunächst relativ gut, aber unser Wohlbefinden ist beeinträchtigt. Bei 28 °C im Schlafzimmer lässt es sich nicht mehr angenehm schlafen. Tagsüber merken wir das am intensivsten bei hoher Sonneneinstrahlung auf offenen, asphaltierten Plätzen, gerade wenn keine Beschattung zur Verfügung steht. Diese Auswirkungen werden aktuellen Projektionen zufolge zunehmen und sich intensivieren. Hier muss man dagegensteuern.

Welche Anpassungsmaßnahmen können gegen Hitzewellen in Städten ergriffen werden?
Die Beschattung ist tagsüber das A und O, um hohe Strahlungstemperaturen zu vermeiden, d. h. die Energie, die der menschliche Körper durch die Sonneneinstrahlung und die Strahlung von heißen Umgebungsflächen wie Asphalt aufnimmt. Ein anschauliches Beispiel ist, wenn man aus der prallen Sonne in den Schatten tritt. Man merkt einen deutlichen Unterschied. Es fühlt sich angenehmer an, obwohl man,

wenn man dabei ein Thermometer in der Hand hielte, kaum einen Unterschied in der Lufttemperatur messen würde, vielleicht 0,1 bis 0,2 °C.

Welche Rolle spielen Pflanzen – insbesondere Bäume – dabei, Städte resilienter zu machen?
Eine große, aus meiner Sicht. Das ist etwas, was wir seit einigen Jahren intensiv diskutieren. Bäume spenden Schatten und binden gleichzeitig Kohlenstoff, aber bei der Begrünung gibt es immer Zielkonflikte zu bedenken. Ein Baum, der Schatten spendet, kann auch ein Strömungshindernis sein und die Windgeschwindigkeit reduzieren. Deshalb muss man sich immer überlegen, an welchen Stellen man die Bepflanzung erhöhen will. An einer stark befahrenen Straße wäre dies nicht unbedingt von Vorteil, da die Bäume die Ventilation beeinträchtigen. Außerdem sollte man darauf achten, in welchen Abständen die Bäume gepflanzt werden und welche Kronenformen einen besseren Luftaustausch ermöglichen. Insgesamt hat Vegetation neben der Beschattung auch den Vorteil, dass sie transpiriert (Wasser verdunstet). Dementsprechend wird weniger Energie für die direkte Erwärmung der Luft verbraucht und mehr für die Verdunstung aufgewendet, was zur Abkühlung beiträgt. Natürlich wird die begrenzte Wasserversorgung bei zunehmender Trockenheit zu einem Problem. Es ist auch unklar, wie die Maßnahmen von der Bevölkerung angenommen werden. Bei einer Wissenschaftsnacht kam sehr häufig die Rückmeldung, dass Bäume schön und gut seien, aber doch bitte nicht solche, die die Autoscheiben verkleben, wie z. B. Linden. Ich war sehr überrascht, wie oft wir diese Rückmeldung erhielten. Das hat mich daran erinnert, dass man die öffentliche Meinung berücksichtigen und sich Zielkonflikte vor Augen führen muss. Ich denke, das ist wichtig, damit positive Entwicklungen im städtischen Klima keinen negativen Beigeschmack bekommen.

Wie viel Aufmerksamkeit erhält die städtische Klimaforschung in der Kommunalpolitik?
Soweit ich das beurteilen kann, gibt es auf jeden Fall viel mehr Aufmerksamkeit als noch vor 15 oder 20 Jahren. In meiner Anfangszeit wurde oft kritisiert, dass die Forschungsergebnisse viel zu wenig gesehen wurden.

Das würde ich heute ein bisschen anders beurteilen. Es hängt aber stark von der lokalen Situation ab, inwieweit in Stadtplanungsämtern und Umweltämtern Menschen sitzen, die das Thema auf dem Schirm haben. Es gibt einige Städte, die in dieser Hinsicht sehr fortschrittlich und innovativ sind und diese Ideen gerne aufgreifen. Braunschweig ist zum Beispiel auf einem guten Weg.

Wir haben bereits über Begrünung gesprochen. Welchen Einfluss haben begrünte Dächer auf das Stadtklima?
Begrünte Dächer können Wasser verdunsten, tragen zur lokalen Kühlung bei, bieten Lebensraum für Insekten und dienen als Isolierung gegen hohe Temperaturen. Somit wirken sie sich auch positiv auf das Klima im Inneren des Gebäudes aus. Diese Effekte sind gut bekannt. In unserer Forschung sind wir besonders daran interessiert, inwieweit der Austausch von Wärme, Wasserdampf und CO_2 mit modernen Messverfahren quantifiziert werden kann. Meinem Eindruck nach wird teilweise mit rudimentären Messwerten operiert, die in zu kurzen Messkampagnen mit sehr einfachen Ansätzen entstanden sind. Wir arbeiten daher seit einigen Jahren an einer methodischen Herangehensweise zur Quantifizierung dieser Austauschprozesse. Dazu betrachten wir längere Zeitreihen und fokussieren uns stark auf den CO_2-Austausch. Insbesondere untersuchen wir, ob ein Gründach eine Senke für CO_2 sein kann, indem es mehr CO_2 durch Photosynthese aufnimmt, als es durch Atmung abgibt. Wir konnten sehr positive und robuste Ergebnisse erzielen: Begrünte Dächer nehmen über viele Jahre hinweg CO_2 auf. Dies geschieht auch in Trockenperioden, obwohl die Aufnahme dann um fast die Hälfte reduziert ist. Ein Vergleich hat gezeigt, dass Gründächer in der Lage sind, etwa die Hälfte dessen aufzunehmen, was Rasenstandorte aufnehmen können. Es gibt eine ganze Reihe ungenutzter Dachflächen, die im schlimmsten Fall durch ihre dunkle Farbe viel Energie absorbieren und zur Überhitzung der Städte beitragen. Das sind Potenziale, die man nutzen könnte. Auch extensive Gründächer sind für die CO_2-Aufnahme eine gute Idee. Dabei handelt es sich um relativ karges, geringmächtiges Substrat, welches mit trockenresistenten Arten bepflanzt ist. Diese Substrate haben wenig organisches Material und veratmen deswegen relativ wenig CO_2, dennoch sind diese trockenheits-

toleranten Arten in der Lage, CO_2 aufzunehmen und das ist ein ziemlich guter Kompromiss.

Wodurch unterscheidet sich Ihr Messansatz für den CO_2-Austausch von früheren, außer dass die Zeitreihen länger sind?
In der bodennahen Luftschicht sind die Austauschprozesse zwischen der Oberfläche und der Atmosphäre turbulent. Die Methode, die wir verwenden, gibt es seit 20 bis 25 Jahren. Sie misst die Durchmischung in der Atmosphäre und den Transport von Wärme und CO_2 mit hoher zeitlicher Auflösung, so dass dieser turbulente Fluss direkt bestimmt werden kann und im Gegensatz zu anderen Ansätzen keine Annahmen über die Turbulenz getroffen werden. Allerdings ist dafür eine große Fläche erforderlich. Wir messen derzeit an zwei Standorten; einer ist etwa 9.000 m² und der andere 70.000 m² groß. Eine Dachfläche von 200 m² ist für Messungen des turbulenten Flusses nicht ausreichend, da der Raum neben dem Dach die Messung stören würde.

Es wird viel darüber gesprochen, dass Dachflächen für Solaranlagen in Städten genutzt werden müssen. Wenn Gründächer aber auch bei der Mitigation und Transformation eine Rolle spielen, was sollte man priorisieren?
In den meisten Fällen kann ein Quadratmeter begrünte Dachfläche weniger CO_2 aufnehmen, als die gleiche Fläche Photovoltaik durch das Ersetzen anderer Arten der Energiegewinnung vermeiden kann. Es kann aber auch Dachflächen geben, die sich für Begrünung, aber weniger für Photovoltaik eignen. Ich würde es also nicht gegeneinander ausspielen. Es ist derzeit ein großes Thema, Photovoltaik und Agrarflächen zu kombinieren. Speziell für die Kombination von Photovoltaik mit Dachbegrünung gibt es noch zu wenige gute Untersuchungen. Es sind jedoch eher positive Synergieeffekte zu erwarten, da begrünte Dächer zu niedrigeren Oberflächen- und oberflächennahen Temperaturen führen. Dies würde den Wirkungsgrad der Photovoltaik-Zellen verbessern. Hier wäre eine Studie zu Austauschprozessen, Wärmeströmen und CO_2-Flüssen sinnvoll und steht auch auf unserer Agenda. Die Schwierigkeit dabei ist die große Dachfläche, die für die von uns angewandte Methode benötigt wird. Im Moment haben wir keine Kenntnis von einer Dachfläche mit einer solchen Kombination.

Wie gut lassen sich Gründächer auf bestehende Strukturen anwenden?
Meines Wissens ist eine nachträgliche Begrünung eines Daches mit einer extensiven Begrünung statisch meistens kein Problem und nicht teuer. In Deutschland ist der Großteil der Dachbegrünung extensiv. Unter intensiver Dachbegrünung versteht man dagegen die Anlage ganzer Dachgärten. Diese stellen jedoch höhere Anforderungen an das Substrat, das 30 bis 50 cm statt 10 cm mächtig sein muss. Die statischen Anforderungen sind entsprechend anders und sollten von vornherein eingeplant werden.

Können Sie eine grobe Schätzung des Prozentsatzes der Häuser abgeben, bei denen eine Nachrüstung möglich wäre?
In den letzten Jahren habe ich immer wieder versucht, verlässliche Zahlen darüber zu bekommen, wie viele Dächer in Deutschland oder in einzelnen Städten begrünt sind. Darüber ist wenig bekannt, außer der jährliche Zuwachs. Dieser errechnet sich indirekt über die Menge an Substrat, die die Gründachhersteller aufbringen. Es wurde versucht, die vorhandene Gründachfläche per Fernerkundung zu ermitteln. Für einige deutsche Städte gibt es Gründachkataster. Daraus lässt sich ableiten, dass es Städte mit 1 bis 2 m^2 Gründachfläche pro Einwohner gibt. Dies ist jedoch noch ein geringer Anteil und bietet somit ein großes Potenzial.

Würden Gründächer auch in trockeneren Regionen als Deutschland einen positiven Einfluss auf das Stadtklima haben?
Ja, denn sie sind – was die Art der Begrünung betrifft – genau für diese Klimaregion optimiert, sodass sie überlebens- und zuwachsfähig sind. Pflanzen auf Dächern werden oft nicht flächendeckend ausgesät, so dass sich die Vegetation im Laufe der Zeit noch vervielfältigt. Ein Problem ist eine ausreichende Wasserversorgung, damit die Verdunstung stattfinden kann. Messungen am Standort Berlin haben gezeigt, dass sich ein ausgetrocknetes Gründach thermisch nicht wesentlich anders verhält als ein unbegrüntes Dach. Bei geringmächtigen Substraten kann dies schnell passieren. An trockeneren Standorten müsste man sich Gedanken über die Bewässerung machen, etwa indem man Niederschläge sammelt und dem Gründach zuführt.

Sie forschen auch zum Thema Kaltluft. Warum ist diese gerade in Städten von Bedeutung?
Unter Kaltluft versteht man eine Luftmasse, die im Vergleich zur Stadtatmosphäre kühler ist. Über bestimmten Oberflächen kann die Luft am Abend oder in der Nacht, wenn die Sonneneinstrahlung nicht mehr vorhanden ist, viel schneller abkühlen. Wir hatten bereits das Beispiel, dass städtische Baumaterialien wie Asphalt und Beton die Wärme nur langsam wieder an die Atmosphäre abgeben und daher wärmer bleiben als beispielsweise Rasenflächen. So sammeln sich kältere Luftmassen über unversiegelten Flächen an. Wir interessieren uns für die Situationen, in denen diese Luftmassen in Bewegung geraten. Das hängt zum Beispiel von Luftdruckunterschieden ab, die dann Ausgleichsströmungen auslösen. Kältere Luftmassen, die typischerweise vom Stadtrand kommen, bewegen sich in Richtung Stadt und können zur lokalen Abkühlung beitragen. Dies funktioniert noch besser, wenn diese Kaltluftbewegung durch Geländegefälle angetrieben wird; denn kalte Luft, die man sich als zähe, breiige Masse vorstellen kann, die fast wie Honig fließt, ist dichter als warme Luft und setzt sich durch die Schwerkraft in Bewegung, sobald sie sich auf abschüssigem Gelände bildet. Da gibt es zum Beispiel den sogenannten Höllentäler bei Freiburg im Schwarzwald. Dort können sich große Mengen kalter Luft bilden, die sich in Richtung des Zentrums von Freiburg bewegen. In Städten wie Braunschweig, die keine großen topographischen Unterschiede aufweisen, ist die Strömung auf Temperaturunterschiede zurückzuführen. Diese Kaltluftbewegung kann bis an die Ränder des bebauten Gebietes vordringen, wird aber durch vertikale Hindernisse wie Gebäude stark behindert. Will man die Kühlung einer Stadt verbessern, braucht man eine gewisse Offenheit in Form von Schneisen, durch die die kalte Luft eindringen kann.

Ein weiteres Problem in Städten ist Feinstaub. Wie muss man sich den Weg der Partikel durch die Stadtluft vorstellen?
Feinstaub ist definiert als Partikel, die kleiner als 10 µm sind (PM_{10}), und wird üblicherweise als Massenkonzentration angegeben. Wir befassen uns eher mit ultrafeinen Partikeln, die die kleinste Art von Fein-

staub sind. Dies sind Partikel, die kleiner als 100 nm sind. In der gemessenen PM_{10} machen sie nur einen sehr kleinen Teil der Masse aus, sind aber in sehr großer Zahl vorhanden. Die Umweltmedizin sagt, dass gerade diese hohen Teilchenkonzentrationen besonders kleiner Partikel, die wir beim Atmen sehr tief aufnehmen können, aus gesundheitlicher Sicht viel bedeutender als Feinstaub sind. Bisher gibt es zu wenig Daten, um klare Vorschläge für Grenzwerte machen zu können. Verbrennungsprozesse, zu denen vor allem industrielle Prozesse und der Kraftfahrzeugverkehr gehören, sind die dominierenden Quellen dieser Partikel in den Städten. Dieselpartikelfilter haben einige positive Veränderungen gebracht, aber die Belastung mit ultrafeinen Partikeln ist immer noch relativ hoch. Uns interessiert, was mit diesen nach ihrer Emission geschieht. In den letzten Jahren hat sich unsere Forschung auf die Frage konzentriert, wo wir deutlich erhöhte Konzentrationen finden und wie diese Partikel während des atmosphärischen Transports umgewandelt werden.

Wo sammeln sich diese Ultrafeinpartikel in den Städten an?
Wir sehen, dass der Verkehr immer noch eine dominierende Quelle ist. Je näher wir uns einer Hauptverkehrsstraße nähern, desto höher wird die Konzentration. Im sogenannten städtischen Hintergrund – zum Beispiel in Wohngebieten mit verkehrsarmen Straßen, in Grünanlagen oder Parks – nehmen die Konzentrationen deutlich ab.

Gibt es weitere ungewöhnliche Quellen für ultrafeine Partikel?
Ja, zum Beispiel die Binnenschifffahrt auf dem Rhein in Köln und Düsseldorf. Dort gibt es viel Ausflugsschiffverkehr – eine Quelle, die bisher wenig betrachtet wurde. Schiffsemissionen sind in den letzten Jahren intensiv untersucht worden, allerdings hauptsächlich im küstennahen Bereich. Mobile Quellen wie Baumaschinen und Bauarbeiten sind generell dominant, aber schwer zu überwachen. Entweder verfügt man über eine Messstation, die kontinuierlich Daten sammelt und den temporären Einfluss mobiler Maschinen zeigt, oder man müsste die Maschinen auf irgendeine Weise direkt überwachen, aber im letzteren Fall gibt es keine Langzeitbetrachtung, um dies in einen Kontext einzuordnen.

Zu Beginn der COVID-19-Pandemie haben wir gesehen, dass der Verkehr rapide abgenommen hat. Konnte man das direkt in den laufenden Messungen zur Feinstaubbelastung sehen?
Ja, es gibt zahlreiche Publikationen zu Konzentrationen von Luftschadstoffen und Treibhausgasen. Die Schwierigkeit besteht darin, dass Konzentrationen von Wetterbedingungen abhängig sind. Man muss relativ viel Aufwand betreiben, um herauszufinden, wie sich die Zeit des ersten großen Lockdowns von den Zeiträumen davor und danach unterscheidet. Hier in Deutschland haben sich die Wetterbedingungen mit Beginn des Lockdowns stark verändert. Bei einem Vergleich zu anderen Zeiten müssen diese Wetterveränderungen berücksichtigt werden. Es gab viele Studien, die mit verschiedenen Methoden versucht haben, diesen Wettereffekt herauszufiltern. Man konnte eine Reduktion aufgrund der Mobilitätsänderung feststellen, die von einigen Prozentpunkten bis hin zu 40 Prozent reichen kann. Eine weitere schöne Möglichkeit dafür ist die Betrachtung von Daten aus Austauschmessungen. Mit diesen turbulenten Austauschmessungen sieht man einen bestimmten Teil der Erdoberfläche und es wird der direkte Austausch quantifiziert. Konkret wird ermittelt, wie viel Luftbeimengung – sei es Schadstoff oder Treibhausgas – pro Fläche und Zeit transportiert wird. Da wir die Transportrate und nicht die Konzentration messen, ist der Hintergrund durch Wetterveränderungen nicht entscheidend. Es gibt eine Studie, die solche Messungen für CO_2 in verschiedenen europäischen Städten durchführte und eine Verringerung von bis zu 80 Prozent feststellte. Wir haben dies für ultrafeine Partikel in Berlin untersucht und ebenfalls eine signifikante Verringerung von etwa 38 Prozent festgestellt. Generell war die COVID-19-Pandemie für Studien zur Luftqualität sehr interessant, weil sie ein großes, unvorhersehbares Experiment war.

Gibt es besondere Herausforderungen bei der Durchführung von Messungen in Städten?
Es gibt sehr praktische, pragmatische Herausforderungen, wie zum Beispiel Vandalismus. Ich selbst hatte bisher nur wenige Schwierigkeiten. Einmal wurde in eine Messstation eingebrochen, aber der*die Dieb*in hat offenbar erkannt, dass der Inhalt für ihn*sie wertlos war. Daraufhin ist nichts weiter passiert. Eine weitere Herausforderung besteht darin, die

Auswirkungen bestimmter Ereignisse von den Messungen zu isolieren. In einer Stadt gibt es immer eine große Heterogenität, sie ist lebendig und pulsiert. Wenn man zum Beispiel Bäume oder eine Hecke entlang einer Straße pflanzt und wissen will, ob diese dazu beitragen, Luftschadstoffe zu filtern, muss man sich sehr genau überlegen, wie sauber man diesen Effekt nachweisen kann. So müssen zum Beispiel wechselnde Windrichtungen berücksichtigt werden. Natürlich ist es auch eine spannende Herausforderung, zu sehen, ob man mit neuen Ideen oder Methoden neue, bisher ungeklärte Effekte untersuchen kann.

Gibt es ein Forschungsergebnis, auf das Sie besonders stolz sind?
Es gibt zwei Dinge aus der jüngeren Vergangenheit, was aber nicht heißt, dass andere Ergebnisse nicht auch wichtig sind. Ein wichtiges Thema ist die Gründachforschung, gerade weil sie eigentlich aus einer ziemlich kleinen Idee erwachsen ist. Aus der ursprünglichen Idee einer Abschlussarbeit ist eine neunjährige Datenreihe geworden. Da auch trockene, heiße Jahre in diesem Zeitraum lagen, können wir jetzt ganz neue Fragen beantworten. Das Ökosystem Gründach interessiert uns mittlerweile viel stärker, als es ursprünglich der Fall war. Allgemein gibt es Institutionen, die ihre Forschung auf die Messung langer Zeitreihen ausrichten, aber es gibt auch viele Gruppen, die eher projektbasiert arbeiten und nur über Wochen oder Monate Messungen machen. Die Erfahrung hat gezeigt, wie wichtig Langzeitmessungen für unser Verständnis des Systems sind. Ich bin mir mittlerweile des Potenzials von Langzeitmessungen bei neuen Projekten viel bewusster. Dazu passt auch der zweite Punkt, die Beschäftigung mit Partikeln und dem Partikelaustausch. Durch langjährige Messungen an einem Standort in Berlin haben wir Erkenntnisse gewonnen, die über einen kurzen Zeitraum nicht möglich gewesen wären.

Welche Entwicklungen in der Klimaforschung machen Ihnen Hoffnung?
Ich bin sehr zuversichtlich, dass sich viele Forschende des Wertes einer qualitativ hochwertigen Grundlagenforschung bewusst werden. Es wird auch mehr darüber nachgedacht, wie diese dazu beitragen kann, gesellschaftlich relevantes Wissen und Produkte zu erzeugen. Ein aktuelles Beispiel ist die Messung des CO_2-Austauschs: „Welche Möglichkeiten gibt

es, diese Messung zu vereinfachen und zu erweitern, damit sie an mehr Standorten durchgeführt werden kann? Können wir den Ablauf standardisieren und damit eine Aussage darüber treffen, ob ein Standort eine CO_2-Quelle oder -Senke ist?" Daraus könnten wir Klimaschutzfragen ableiten, etwa wie man mit Ökosystemen umgehen muss, um diese Senkenfunktion zu erhalten oder zu optimieren. Wir verfügen heute über große Datenmengen, die uns helfen können, dieses Ziel zu erreichen. Der Trend geht dahin, dass solche Daten auch für die breitere Nutzung verfügbar gemacht werden, anstatt auf Servern von Universitäten liegen zu bleiben. Ich halte dies für eine sinnvolle und froh stimmende Entwicklung.

9

Friederike Otto: „Das Pariser Abkommen ist ein Menschenrechtsvertrag"

Karolin Stiller, Marius Schulz, Julius Mex und Ulrike Richter

Zur Person: Friederike Otto (*1982) ist Klimatologin, Physikerin, Philosophin und führende Forscherin auf dem Gebiet der Attributionswissenschaft. Sie beschäftigt sich vor allem mit dem Einfluss des menschen-

---

Date of Interivew: November 28, 2022

K. Stiller (✉)
TU Berlin, Berlin, Deutschland
E-Mail: karolin.stiller@mps3.de

M. Schulz
Max-Planck-Institut für Meteorologie, Hamburg, Deutschland
E-Mail: marius.schulz@mpimet.mpg.de

J. Mex
École Normale Supérieure, Paris, France
E-Mail: julius.mex@uni-leipzig.de

U. Richter
University of Copenhagen, Kopenhagen, Dänemark

© Der/die Autor(en), exklusiv lizenziert an Springer-Verlag GmbH, DE, ein Teil von Springer Nature 2025
G. Lohmann (Hrsg.), *Klimagespräche*, https://doi.org/10.1007/978-3-662-70420-2_9

gemachten Klimawandels auf Extremwetterereignisse und deren Auswirkungen auf die Gesellschaft. Otto studierte Physik an der Freien Universität Berlin und promovierte zur Erkenntnistheorie von Klimamodellen. Nach ihrer Promotion arbeitete sie für zehn Jahre am Environmental Change Institute der Universität Oxford. Seit 2021 ist sie Senior Lecturer am Grantham Institute for Climate Change and the Environment am Imperial College London. Sie ist außerdem Mitbegründerin des internationalen Projekts der World Weather Attribution sowie eine der Leitautor*innen des Sechsten Sachstandsberichts des IPCC.

David Fisher

Was macht Ihnen an Ihrer Arbeit besonders viel Spaß?
Was nicht? Ich glaube, es ist schwieriger, etwas zu finden, was mir daran keine Freude macht. Meine Arbeit ist spannend, intellektuell herausfordernd und gesellschaftlich relevant. Wenn wir uns Extremwetterereignisse angucken, dann ja nicht weil es einfach ist, sich das in einem Klimamodell anzugucken, sondern weil etwas in der echten Welt passiert ist und Leute Fragen haben. Das ist jetzt vielleicht kein Bällebad-Spaß, aber schon der Spaß, den man an seiner Arbeit haben möchte. Einen großen Teil meiner Entscheidungen habe ich auch so getroffen, dass ich nur mit Leuten zusammenarbeite, mit denen es Spaß macht zu arbeiten.

Wann haben Sie diese Entscheidung getroffen?
Es ist eine ganz bewusste Entscheidung von mir, dass ich nicht mehr mit Arschlöchern arbeite. Bevor ich zum Imperial College kam, war ich zehn Jahre lang in Oxford. Als ich dort als Postdoc anfing, war es oft so, dass jemand sagte: „Willst du nicht mit dem und dem zusammen ein Proposal schreiben, das wäre doch gut?". Und da sage ich heute „Nein". Das funktioniert auch nicht immer zu hundert Prozent, aber sonst wäre es glaube ich in der akademischen Welt schwer auszuhalten.

Wenn Sie sich in Ihre Studienzeit zurück versetzen, hatten Sie da schon die Hoffnung, mal dort zu landen, wo Sie jetzt sind?
Nein, ich habe nie Karriereplanung in dem Sinne gemacht. Eigentlich wollte ich gar nicht in die Forschung oder Wissenschaft gehen.

Hatten Sie damals eine Vision?
Ehrlich gesagt, nicht wirklich. Ich wusste, dass ich unbedingt studieren und mich mit einem Thema wirklich auseinandersetzen möchte, aber hatte eigentlich nie so klar vor Augen, was ich damit machen will. Ich habe angefangen Physik zu studieren und dann noch ein Zweitstudium der Philosophie begonnen, in dem ich dann auch meine Doktorarbeit geschrieben habe. Karriereplanungsmäßig war das ungefähr das Dümmste, was man machen konnte, weil ich damit in Deutschland im akademischen Bereich überhaupt nicht einstellbar war. Eigentlich wollte ich danach Wissenschaftskommunikation machen, dazu fehlte mir aber die Erfahrung. Klimaforschung war also in keinster Weise das, was ich schon immer machen wollte. Mir fiel nichts Besseres ein und dann sah ich zufällig diese Postdoktorandenstelle in Oxford.

Hatten Sie auf Ihrem Weg Vorbilder oder Menschen, die Sie unterstützt haben?
In Deutschland schon mal gar nicht. Nach Oxford zu gehen war meine Idee. Dort habe ich mich auf eine Stelle beworben, die ich erstmal nicht bekommen habe. Aber mein Interviewer hat mich an seinen Kollegen, Prof. Myles Allen verwiesen, der gerade eine Postdoktoranden-Stelle frei hatte und er meinte zu mir, dass ich machen könnte, was ich will. Also habe ich angefangen zu schauen, was meine Möglichkeiten sind und habe mich schließlich für ein Projekt entschieden, bei dem ein Klimamodell nicht auf einem Supercomputer, sondern verteilt auf PCs von Privatpersonen simuliert wird, die Ihre Rechenleistung zur Verfügung stellen. So können extrem große Ensembles berechnet werden, also tausende Realisierungen möglichen Wetters, anstatt nur zehn oder heutzutage vielleicht hundert. Dadurch ist dieses Modell prädestiniert dafür, sich Extremwetter anzugucken.

Hatten Sie auch Momente des Zweifels, wie es weitergehen soll?
Ich habe ein recht schlechtes Abi, weshalb ich keine Fächer mit Numerus Clausus studieren konnte. Da war Physik das geringste Übel. Gerade das Grundstudium hat jetzt nicht wahnsinnig viel Spaß gemacht, sondern war vor allem schwer. Erst im Vordiplom habe ich Philosophie als Nebenfach für mich entdeckt, das mir dann Spaß gemacht hat. Meine Doktorarbeit war aber auch sehr frustrierend. Da hat mich wirklich nur mein Hund davor gerettet wahnisinnig zu werden.

In Ihrer Doktorarbeit haben Sie sich damit beschäftigt, wie man mit Hilfe von Klimamodellen Erkenntnisse über das Klimasystem erlangen kann.
Genau, wobei ich ursprünglich der Frage nachgehen wollte, was man prinzipiell aus erkenntnistheoretischer Sicht aus Modellen lernen kann und was das für die Kommunikation von wissenschaftlichen Ergebnissen bedeutet. Dass es dann hauptsächlich um Klimamodelle ging, lag daran, dass ich am Potsdamer Institut für Klimafolgenforschung (PIK) mit einem Klimamodell gearbeitet habe. Eine Doktorarbeit wird nie so, wie man sich das am Anfang vorstellt. Das ist das Wichtigste, was man als Doktorand akzeptieren muss.

Ist Ihr Philosophiestudium für Ihre jetzige Arbeit noch relevant?
Ja, auf jeden Fall! In der Philosophie geht es darum, die Annahmen hinter jedem Schritt zu hinterfragen. Ich glaube, das ist das, was mich tatsächlich dazu befähigt hat, eine gute Wissenschaftlerin zu werden. Es bringt einen aus dem Klein-Klein der Methoden und Fragestellungen heraus und lässt einen hinterfragen, was man selber macht, was andere Leute machen und was man anders machen könnte. Wissenschaftliches Arbeiten oder Sachen zu hinterfragen habe ich im Physikstudium überhaupt nicht gelernt.

Wie würden Sie mit Ihrem philosophischen Hintergrund das Verhältnis zwischen Klimamodellen und dem realen Klimasystem beschreiben?
Das hängt ganz davon ab, welche Klimamodelle man sich anguckt und welche Fragestellungen man beantworten will. Es gibt diesen schönen Spruch von John Box, „all Models are wrong but some are useful" („alle

Modelle sind falsch, aber einige sind nützlich"). Das heißt, es geht darum, ob die zur Verfügung stehenden Modelle die konkrete Fragestellung, die man hat, beantworten können. Und dabei gibt es nicht das perfekte Modell. Wenn man sich zum Beispiel globale Niederschlagsveränderungen anschauen will, gibt es Modelle, die bestimmte Aspekte der Zirkulation über Europa gut abbilden, und andere, die das gut über den Monsunregionen können. Eine wichtige Grundregel ist, niemals nur ein Modell zu nutzen.

Und mit welchen Modellen arbeiten Sie?
Zwei sehr unterschiedliche Arten von Modellen. Der größte Teil der Klimamodelle, mit denen ich arbeite, sind General Circulation Models (GCMs). Das sind Modelle, die eine komplexe Abbildung der Atmosphäre, des Ozeans usw. enthalten. Diese Modelle wurden von den großen Klimarechenzentren entwickelt und werden auch im IPCC verwendet. Daneben arbeite ich noch mit statistischen Modellen. Im Wesentlichen ist das Extremwertstatistik, die auf Beobachtungs- aber auch auf Modelldaten beruht.

Wie würden Sie Ihr Verhältnis zu Klimamodellen beschreiben?
Klimamodelle sind wahnsinnig nützlich. Sie beruhen auf denselben Prinzipien wie die Modelle zur Wettervorhersage. Das Wetter ist nicht nur durch Energie- und Massenerhaltung gegeben, durch die erhält man nur einen groben Rahmen. Wichtig sind auch die Impulserhaltung und die chaotische Natur des Wetters. Die Statistik dieser Dynamik über lange Zeiträume gibt einem dann Klimadaten. Mit den Klimamodellen kann man dann Kausalitäten feststellen, die aus reinen Beobachtungsdaten gar nicht herauslesbar sind.

Wenn Sie mit einem Modell arbeiten, haben Sie dann eine konkrete Vorstellung von dem Modell, oder arbeiten Sie nur mit dem Output?
Ich weiß nicht. Ich kenne die Gleichungen, auf denen die Modelle beruhen, und weiß, was sie bedeuten. Zusätzlich weiß ich natürlich auch, was der Input in die Modelle ist. Insofern ist es jetzt nicht nur der Output, aber Gott sei Dank schreibe ich den Code für die Modelle nicht selber.

Könnten Sie kurz skizzieren, wie Attributionsforschung methodisch funktioniert?
Die Idee dahinter ist eigentlich nicht weiter schwierig. Man vergleicht das Wetter in der Welt, in der wir heute leben – also in einer 1,2 Grad erwärmten Welt – mit dem Wetter einer Welt, die genauso ist wie unsere heutige Welt, aber ohne den menschengemachten Klimawandel. Dabei kann man Unterschiede feststellen, wie häufig bestimmte Wetterereignisse auftreten. Das kann man dann der Ursache des menschengemachten Klimawandels zuordnen. Das ist die Attribution.

Wir haben Sie darum gebeten, Ihre Lieblingsgrafik aus Ihrer Forschung mitzubringen. Könnten Sie kurz beschreiben, worum es dabei geht?
Es geht darum, dass die Frage, ob Extremwetterereignisse zu humanitären Katastrophen werden, nur zu einem *ganz* geringen Teil vom Klimawandel und dem Wetter abhängt. Es hängt vor allem von Vulnerabilität und Exposition ab, also welche Menschen und Ökosysteme konkret dem Extremwetterereignis ausgesetzt sind. Die Grafik stellt dar, wie Hitzewellen soziale Systeme global und lokal beeinflussen. Und das ist das, was in der Debatte um den Klimawandel fast immer ignoriert wird. Wenn man über den Klimawandel redet, dann geht es meistens um physikalische Sachen wie globale Temperaturen, mögliche Kipppunkte oder andere Katastrophenszenarien. Das Pariser Abkommen ist allerdings ein Menschenrechtsvertrag, kein Vertrag zur Rettung der Eisbären und auch kein Vertrag, um die Menschheit vor dem Aussterben zu bewahren. Es geht darum, dass die Veränderungen in Wetter und Klima die Ungleichheit auf der Welt verstärken und damit grundlegende Menschenrechte, wie das Recht auf Leben, einschränken. Darüber wird nicht genügend geredet. Aber genau darum interessiert uns der Klimawandel überhaupt, genau darum ist er ein Problem. Gleichzeitig zeigt es auch all unsere Möglichkeiten auf. Es ist kein Asteroid, der uns auf den Kopf fällt und dem wir völlig hilflos ausgesetzt sind. Stattdessen ist es etwas, bei dem wir auf vielen verschiedenen Ebenen ganz viel dagegen machen können. Gerade was Extremwetterereignisse angeht. Ich meine, Mitigation und ein Stopp der Verbrennung fossiler Brennstoffe sind wichtige Aspekte, aber es müssen auch Vulnerabilität und Ungleichheit verringert werden. Deswegen finde ich diese Grafik so wichtig.

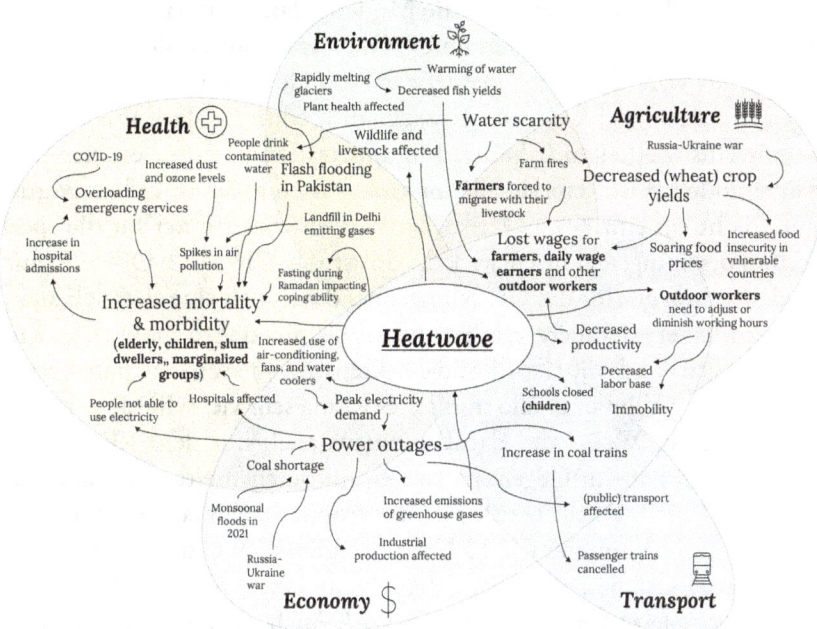

Konzeptuelle Karte der verschiedenen Auswirkungen von Hitzewellen. Abbildung aus Zachariah et al. (2022)

Wo wird die Aussagekraft von Klimamodellen oder Attributionsforschung von der Öffentlichkeit über- beziehungsweise unterschätzt?
Überschätzt werden sie eigentlich nicht. Wir haben ja die letzten 50/60 Jahre damit verbracht, uns von der fossilen Industrie anzuhören, dass die Unsicherheiten in der Klimawissenschaft viel zu groß seien. Hitzewellen sind vielleicht noch das einzige Extremwetterereignis, bei dem die Modelle überschätzt werden. Wir denken immer, Hitzewellen sind das Leichteste – das, was man richtig gut verstanden hat. Tatsächlich sind die Änderungen in den Beobachtungsdaten für extreme Hitze auf lokaler Ebene sehr unterschiedlich zu den Daten, die die Modelle hergeben. Weil aber die allgemeine Auffassung ist, dass Hitzewellen gut verstanden sind, forscht daran eigentlich keiner.

In welchen Bereichen werden die Modelle dann unterschätzt?
Also ärgerlich ist es, wenn ich höre: „Oh, das ist mit Unsicherheiten behaftet", als wäre das jetzt irgendetwas Besonderes, oder als würde es in irgendeiner Art und Weise die Aussagen diskreditieren. Jede Wissenschaft ist mit Unsicherheiten behaftet. Ein anderes Problem mit existierenden Klimamodellen ist, dass sie alle im globalen Norden entwickelt worden sind, nicht ein einziges in Afrika. Sie werden eben immer für die spezifische Forschungsregion entwickelt. So ist das UK MET-Office Klimamodell richtig gut für das UK-Klima, aber das ist halt eine ziemlich kleine Insel in einer ziemlich großen Welt. Damit tragen politische Entscheidungen und die Nord-Süd-Diskrepanz im Wissenschaftsbereich dazu bei, dass Klimamodelle tropisches Klima sehr viel schlechter modellieren können. Wobei das darüber hinaus auch mit dem Klima selbst etwas zu tun hat. Im Gegensatz zu den mittleren Breiten, in denen das Klima viel auf Statistik beruht, ist das tropische Klima vielmehr durch großskalige Phänomene wie El Niño beeinflusst. Wenn man aber nicht selbst ein Modell neu entwickelt, dann bleibt einem nichts anderes übrig, als die Modelle zu verwenden, die da sind. Auch wenn sie große Defizite in Bezug auf tropische Klimata beinhalten.

Sie haben die World Weather Attribution mitbegründet. Was ist der wissenschaftliche Auftrag oder die Motivation dahinter?
Wenn Extremwetterereignisse stattfinden, dann stellt sich in den Medien, bei Entscheidungsträger*innen usw. immer sofort die Frage „Ist das Klimawandel?". Das ist aber an sich eine schlecht gestellte Frage, die man nicht mit Ja oder Nein beantworten kann. Es geht eher darum, welche Rolle der Klimawandel für dieses Ereignis spielt. Lange Zeit war es so, dass alle möglichen Leute Meinungen und Antworten auf diese Frage hatten, nur Wissenschaftler*innen nicht. Die haben immer gesagt, dass man zu einzelnen Wetterereignissen nicht wirklich was sagen könne. Das haben wir mit der Attributionsforschung geändert. Allerdings sind die Zeitskalen, auf denen wissenschaftliche Publikationen stattfinden, meistens so, dass eine Studie erst zwei Jahre nachdem das Ereignis stattgefunden hat, publiziert ist und dann ist die Diskussion in der Öffentlichkeit natürlich längst weitergelaufen. Wir haben die World Weather Attribution gegründet, um schneller vorzugehen, auf Zeitskalen, in

denen Medien oder auch Entscheidungsträger*innen noch an den Ergebnissen interessiert sind. Die World Weather Attribution ist also aus dem Frust heraus entstanden, dass Wissenschaftler*innen sich nie öffentlich zur Rolle des Klimawandels bei Wetterereignissen geäußert haben.

Denken Sie auch, dass es einen wissenschaftlichen Auftrag gibt, diese Ergebnisse zu liefern?
Es gibt in der Wissenschaft eine totale Berechtigung für *Blue-Sky Thinking*, also Forschungsfragen, die keine unmittelbare Relevanz haben. Aber es gibt auch einen Auftrag an die Wissenschaft, sich mit Fragestellungen zu beschäftigen, die gerade relevant sind. Ich denke schon, dass Wissenschaft sich mit der realen Welt beschäftigen sollte.

Womit hatten Sie sowohl bei der Gründung als auch beim Ausbau der World Weather Attribution besonders zu kämpfen?
Es ist einfach echt viel Arbeit, das so schnell zu machen. Es geht darum, innerhalb von zwei Wochen hochqualitative wissenschaftliche Beweise für die Rolle des Klimawandels zu bringen mit dem Anspruch, dass die Ergebnisse auch einem Peer-Review-Verfahren standhalten werden. Normalerweise benötigt das eine Arbeit von sechs Monaten. Das funktioniert nur, wenn man ein Team mit genügend Leuten hat, die wissen, was sie tun. Nachträglich sind fast alle unserer Studien durch den Peer-Review-Prozess gegangen, um zu prüfen, ob unsere Methoden robust sind und unsere Zahlen der Prüfung standhalten. Am Anfang haben wir wenig publiziert, da wir hauptsächlich Methoden entwickelt haben. Als wir dann unsere erste Rapid-Attribution-Studie zum Peer Review geschickt haben, wurde diese abgelehnt – nicht weil die Wissenschaftler*innen tatsächlich Kritik an der Methode hatten, sondern mit der Begründung: „Das ist zu schnell, Wissenschaft funktioniert nicht so schnell. *Reject.*" Später haben wir mit neuen Daten und anderen Modellen exakt die gleiche Studie nochmal gemacht und exakt das gleiche Ergebnis erhalten. Dann hat sie es auch problemlos durch das Peer Review geschafft.

Das Peer-Review-Verfahren ist der Heilige Gral der Wissenschaft und das mit gutem Recht. Anfangs war aus diesem Grund die Kritik aus der eigenen Wissenschafts-Community die größte Herausforderung. Denn es ging ja nicht nur darum, diese Studie zu machen, sondern natürlich auch darum, darüber zu reden und Journalist*innen und Medien zu erreichen. Wenn man Wissenschaft macht und keiner weiß es, kann man die Debatte nicht beeinflussen. Aber das hat sich inzwischen geändert. Natürlich gibt es noch andere Wissenschaftler*innen, die dann sagen: „Oh, das wird es niemals durchs Peer Review schaffen." Dann wartet man sechs Monate und kann zeigen: Doch.

Auf welche Grenzen oder Hindernisse stoßen Sie aktuell bei Ihrer Arbeit?
Jahrelang hatten wir überhaupt keine Finanzierung. Die World Weather Attribution war reines Wohlwollen von Kollegen aus aller Welt, die das Projekt für wichtig erachteten und mit uns zusammen an Studien gearbeitet haben. Das hat allerdings auch dazu geführt, dass mein Netzwerk global ziemlich groß ist, und ich mit Kolleg*innen aus ganz vielen verschiedenen Ländern auf der Welt zusammenarbeite. Jetzt gibt es etwas Finanzierung, aber die bei weitem größte Herausforderung bleibt *people power*. Denn das, was Zeit kostet, ist der wissenschaftliche Input am Anfang einer Studie, wenn es darum geht herauszufinden, was überhaupt passiert ist. Beispielsweise könnten wir vom Roten Kreuz eine Meldung über Lebensmittelunsicherheit in Westafrika erhalten. Dann muss man herausfinden, was am Wetter denn eigentlich zu diesen Auswirkungen geführt hat. War es das ausbleibende oder verspätete Einsetzen der Regenzeit? Fand es überhaupt in der Gegend statt, wo jetzt die Auswirkungen zu spüren sind? Oder war es das Ergebnis anderer indirekter Faktoren? Das kann man nicht automatisieren. Doch wenn man diese Definitionen getroffen hat, dann ist die eigentliche Attribution mit Wetter- und Modelldaten relativ einfach. Wenn es dann aber wieder darum geht, die Ergebnisse zu interpretieren – welchen Modellen man trauen kann – ist das ein weiterer Schritt, der intellektuellen Input erfordert. Da kommt dann nochmal alles zusammen.

Wie stellen Sie sich das Feld der Attributionsforschung in der Zukunft vor?
Ich würde mir sehr wünschen, dass die nationalen Wetterdienste, die unsere Studien immer aufgreifen und die auch meistens begeistert sind, wenn wir Sie um Zusammenarbeit bitten, selber mehr machen würden.

Wenn man jedoch vom UK Met Office, dem Deutschen Wetterdienst und vielleicht dem Météo France absieht, haben die nationalen Wetterdienste allerdings nicht das Know-How und die Kapazitäten, das selber zu machen. Wenn sie die Attributionsstudien zu besonders häufigen Ereignissen wie Hitzewellen oder Starkniederschlägen übernehmen würden, dann könnten wir uns auf komplizierte Sachen konzentrieren, etwa auf das Wechselspiel von Wetter, Klima, Vulnerabilität und Exposure. Das wäre mein Ideal, aber das ist noch in ziemlicher Ferne.

Haben Sie ein Ergebnis Ihrer Forschung, auf das Sie besonders stolz sind?
Ich bin sehr sehr stolz darauf, was die World Weather Attribution geworden ist und was wir erreicht haben. Ich meine, das halbe Kapitel 11 des letzten IPCC-Reports beruht auf Studien, die wir in den letzten acht Jahren gemacht haben. Natürlich gibt es Studien, die ich besser finde und Studien, die ich schlechter finde. Meistens sind es die aktuellen Studien, die ich gut finde und die älteren weniger, was daran liegt, dass man immer was dazulernt und Sachen verbessert.

Sie haben bereits den Zusammenhang zwischen Extremwetterereignissen und Gesellschaft angesprochen. Welches Potenzial hat da die Attributionsforschung?
Ich denke, es ist unglaublich wichtig, dass wir verstehen, was der Klimawandel konkret bedeutet. Es geht nicht um abstrakte Vorhersagen von Klimamodellen, sondern darum, wie sich der Klimawandel manifestiert und welche Auswirkungen er auf unsere Gesellschaft hat. Zum großen Teil bestehen diese Auswirkungen aus Veränderung der Häufigkeiten von Extremwetterereignissen und wie diese wiederum mit unseren Sozialsystemen zusammenspielen. Ich glaube, dass es wichtig ist, die sozialen und gesellschaftlich-ökonomischen Erfahrungen vor Ort mit dem intellektuellen Wissen über den Klimawandel zusammenzubringen. Einfach um zu begreifen, dass es eben nicht um Eisbären geht, oder um den Weltuntergang, sondern um unsere gesellschaftliche Struktur. Auf der anderen Seite funktionieren die Methoden der Attributionsforschung nicht nur rückblickend, um zu sagen „So viel hat sich das Wetter schon verändert", sondern auch um sich anzuschauen, wie es sich in Zukunft verän-

dern wird. Und das ist eine entscheidende Informationsgrundlage für politische Anpassungsmaßnahmen.

Außerdem schließt die Attributionsforschung eine Lücke in der Kausalkette, die es lange gab. Man weiß genau, wer wie viel emittiert hat und wie sehr eine bestimmte Menge an Treibhausgasen in der Atmosphäre die globale Mitteltemperatur verändert. Daneben hat man die Schäden, die durch ein verändertes Auftreten von Extremereignissen entstehen. Durch die Attributionsforschung kann man nun die direkte Kausalkette von den Emissionen der Länder und Firmen bis zu den Schäden nachvollziehen, und die Verantwortung ist ganz klar aufgezeigt. Dies kann zum Beispiel vor Gericht entscheidend sein.

Sie haben gerade auch die Frage der Klimagerechtigkeit angesprochen. Würden Sie sich wünschen, dass andere Forscher*innen in Ihrem Bereich öffentlich politischer auftreten?
Also ich würde mir wünschen, dass wir keine Debatte mehr darüber führen, ob Wissenschaft politisch ist oder nicht. Natürlich ist Wissenschaft politisch. Es gibt diese Idee, der sowohl die Medien als auch Naturwissenschaftler*innen nach wie vor anhängen, dass Wissenschaft irgendwie neutral, wertfrei oder objektiv ist. Das ist nicht der Fall. Jede Entscheidung in der Wissenschaft – welche Fragestellungen man erforscht oder wer wie viel Finanzierung wofür bekommt – all das ist immer auch politisch. Das heißt aber nicht, dass politische Einstellungen die Ergebnisse beeinflussen.

Um das mal mit einem Beispiel zu veranschaulichen: 2021 hat das World Food Programm die Hungersnot in Madagaskar als die erste dem Klimawandel zuzuschreibende Hungersnot der Welt bezeichnet. Wir haben eine Attributionsstudie dazu gemacht, und haben herausgefunden, dass der Klimawandel bei der Dürre, die zu dieser Hungersnot geführt hat, eigentlich gar keine Rolle spielte. Die Region weist einfach eine sehr hohe Variabilität über lange Zeiträume auf. Es gibt immer Jahre mit viel oder wenig Regen. Gleichzeitig existieren viele soziale Gründe dafür, dass es zu einer Krise kommt, sobald es weniger regnet. Es wäre natürlich schön gewesen, wenn wir herausgefunden hätten „Ja, der Klimawandel spielt hier eine große Rolle." Damit hätte man viel Aufmerksamkeit darauf lenken können, was Klimawandel konkret bedeutet. Unsere Ergebnisse haben das aber in diesem Fall nicht bestätigt. Das heißt jetzt nicht, dass der Klimawandel in Madagaskar irrelevant ist, sondern dass für diese eine Hungersnot der Klimawandel nicht entscheidend war. Wir haben die verantwortliche Dürre auch deswegen untersucht, weil wir wissenschaftliche Ergebnisse liefern wollen, die solche Kampagnen wie die des World Food Programms unterstützen. Leider klappt das nicht immer. Das ist aber genau der entscheidende Punkt. Wir haben es aus politischen Motiven heraus untersucht, aber deswegen ist das Ergebnis nicht politisch beeinflusst.

Sie haben in öffentlichen Beiträgen Gedanken darüber geäußert, wie wir aufhören können, postkoloniale Machtstrukturen zu reproduzieren. Wie würden Sie sich wünschen, sollte im wissenschaftlichen Betrieb des globalen Nordens damit umgegangen werden, um diese Reproduktion zu vermeiden?
Ein wichtiger Schritt ist tatsächlich die Erkenntnis, dass die heutige Wissenschaft genau das tut. Sprich, dass nur das, was weiße Männer im globalen Norden als Wissenschaft ansehen, als wissenschaftlich gilt. Wissenschaft basiert auf Peer Review. Und Peer Review wird von denjenigen durchgeführt, die jetzt Wissenschaft betreiben. Dadurch werden aber andere Methoden und Herangehensweisen oft einfach abgelehnt. Nicht, weil sie falsch wären, sondern weil sie nicht dem entsprechen, was die europäisch-amerikanische Wissenschaftstradition als Wissenschaft etabliert hat. Dass das ein Problem ist, ist vielen Wissenschaftlerinnen und Wissenschaftlern – mehr Wissenschaftlern als Wissenschaftlerinnen, aber auch nicht nur – einfach noch nicht bewusst. Es wäre wichtig, dass auch Menschen, die Naturwissenschaften studieren, lernen, was die Biases sind. Sprich, wie und in welchen Strukturen Wissenschaft betrieben wird und wo vielleicht eine gewisse Subjektivität beziehungsweise Voreingenommenheit einfließt. Das behebt das Problem natürlich nicht sofort, aber es würde es zumindest verringern, vor allem für zukünftige Generationen.

Und wenn man dieses Bewusstsein hat …
Ja, das Bewusstsein alleine reicht natürlich noch nicht aus, obwohl es eine wichtige Voraussetzung ist. Es gibt auch noch ganz konkrete Hindernisse. Zum Beispiel kostet es Geld, wissenschaftliche Studien zu veröffentlichen. Die meisten wissenschaftlichen Journale lassen sich von

Wissenschaftler*innen dafür bezahlen, dass sie veröffentlichen. Das heißt, dass Organisationen mit wenig Geld und mit Wissenschaftler*innen, die nicht an Universitäten gekoppelt sind und daher über kein entsprechendes Geld verfügen, nicht in den hochrangigen Journalen publizieren können. Entweder müsste man die Publikationsgebühren ganz abschaffen, oder diese zum Beispiel als Land, das Entwicklungshilfe leisten will, bezuschussen.

Eine weitere Sache wäre etwas, das immer unter dem Schlagwort „Capacity Building" diskutiert wird. Die meisten Wissenschaftler*innen im globalen Süden haben kein Mandat, Wissenschaft zu machen, sondern sind angestellt, um einen Service zu liefern. Dies kann Wetter-, saisonale Vorhersagen oder Lehre umfassen, aber das dann als Vollzeitjob. In Deutschland gibt es zahlreiche Institutionen wie Helmholtz- und Fraunhofer Gesellschaften, die Forschung als Beruf ermöglichen. Das gibt es in den Ländern des globalen Südens eigentlich überhaupt nicht. Solche Kapazitäten zu bauen und zu unterstützen, wäre ein ganz wichtiger, konkreter Schritt, mit dem man heute beginnen könnte.

Wer ist für die Initiierung dieser Veränderungen verantwortlich?
Verschiedene Ebenen. Länder wie Deutschland oder Großbritannien leisten Entwicklungshilfe. Diese ist aber meistens nicht auf langfristige soziale oder gesellschaftliche Veränderungen ausgelegt, die eigentlich notwendig wären, um tatsächlich Ungleichheit zu bekämpfen. Stattdessen fließen diese Gelder meist in leicht planbare, kurzfristige Hilfen. Da müsste ein Umdenken in den Ministerien des globalen Nordens stattfinden. Das gilt auch für Institutionen wie den IPCC. Der legt zwar zum Beispiel bei der Auswahl inzwischen mehr Wert darauf, dass mehr Wissenschaftler*innen aus dem globalen Süden dabei sind, aber damit endet es bisher auch. Das ändert nichts daran, dass sie eigentlich aufgrund ihrer Vollzeitbeschäftigung gar keine Zeit haben, zum IPCC beizutragen. Es würde helfen, wenn der IPCC Zeit für sie freikaufen würde und es ihnen damit ermöglicht, wirklich am Schreiben des Weltklimaberichts teilzunehmen. Eine weitere konkrete Maßnahme wäre, dass der IPCC in den Universitäten, an denen sie arbeiten, in ein vernünftiges Internet investiert. So, dass die Internetverbindung stabil genug ist, dass sie auch tatsächlich ohne Unterbrechungen an Online-Meetings teilneh-

men können. Insofern gibt es Wissenschaftler*innen im Globalen Süden, die an den IPCCs mitschreiben, aber auf sich alleine gestellt sind. Da kann man noch so brillant sein und noch so viel können und wissen, und dennoch an diesen ganz praktischen und eigentlich leicht zu überwindenden Hürden scheitern.

Sie haben bereits angesprochen, dass das, was als Wissenschaft praktiziert wird, davon abhängt, was als Wissenschaft akzeptiert wird. Wenn wir uns eine Welt ohne patriarchale Strukturen vorstellen, wie sähe dann eine feministische Klimawissenschaft aus? Welchen Mehrwert könnte eine solche Welt für die Wissenschaft bringen?
Wie das ganz konkret aussieht weiß ich auch nicht, denn ich habe Physik studiert, in Deutschland, wo ich meistens die einzige Frau war. Das hat mein Bild von Wissenschaft extrem geprägt. Aber ich denke, ein Problem ist, dass einige wichtige Fragestellungen an den Schnittstellen zwischen sozialen und physikalischen Problemen kaum bearbeitet werden. Selbst in der relativ interdisziplinären Klimaforschung hat man immer noch die Naturwissenschaftler*innen auf der einen und die Sozialwissenschaftler*innen auf der anderen Seite. Nach wie vor findet zu wenig Kommunikation und Zusammenarbeit dazwischen statt. Die Sozialwissenschaften werden auch immer noch als weniger relevant angesehen als alles, was man irgendwie mit Zahlen ausdrücken kann. Das darf zukünftig nicht mehr der Fall sein.

Was müsste sich ändern, damit diese Art von Fragen und Forschungsprojekten als legitim angesehen wird?
Wie man das wirklich schaffen kann weiß ich auch nicht, außer es einfach zu versuchen. In meiner Forschung habe ich noch nie Forschungsgeld von Regierungsinstitutionen für das, was ich machen wollte, bekommen. Die meisten Leute, die Gutachten für Forschungsprojekte schreiben, sind ältere Wissenschaftler kurz vor der Rente. Sie haben dafür Zeit, weil sie sich nicht mehr um ihre eigene Karriere kümmern müssen. Das heißt dann aber, dass, ob eine Finanzierung erfolgt oder nicht, noch viel stärker von Menschen geprägt ist, die in disziplinarischen Schubladen denken, als bei den bereits angesprochenen wissenschaftlichen Artikeln. Das muss sich unbedingt ändern.

In ihrem Beitrag ‚Unlearn Wissenschaft' im Buch ‚Unlearn Patriarchy', haben sie den Begriff der Antipatriarchats-Buddies eingeführt. Können Sie uns das kurz erklären und sagen, wer das für Sie ist?
Es gibt viele Dinge, die man nicht alleine erreichen kann. Wenn man eine Abteilung umstrukturieren oder die Wissenschaft partizipativer gestalten möchte, braucht man Mitstreiter*innen. Außerdem sieht man die eigenen Biases oft nicht und braucht jemanden, der einen darauf hinweist. Die Idee dieser Antipatriarchats-Buddies soll dazu führen, dass mehr Stimmen gehört werden und dadurch die Wissenschaft auch tatsächlich die reale Welt abbildet. Dabei ist es wichtig, dass man mit diesen Kolleg*innen nicht in einem Abhängigkeitsverhältnis steht, sodass man sich gegenseitig kritisieren kann. Daneben ist die Aufgabe dieser Antipatriarchats-Buddies ganz normal Wissenschaft zu machen, aber gerechter und inklusiver. Die beiden wichtigsten Buddies sind für mich Paola Arias, Professorin an der University of Antioquia in Colombia, und Joyce Kimutai, Chief Scientist vom kenianischen Wetterdienst. Dann gibt es noch weitere im IPCC oder andere, mit denen ich sonst ab und zu zusammenarbeite.

Wie haben Sie die beiden genannten Frauen kennengelernt?
Paola habe ich beim IPCC kennengelernt, beim Schreiben des sechsten Sachstandsberichts. Dadurch haben wir zusammen kämpfen gelernt. In der Zusammenfassung für die politische Entscheidungsfindung gibt es eine Abbildung, die aus Hexagonen besteht, um die Regionen gleichwertiger darzustellen. Diese ungewöhnliche Abbildung haben Paola und ich zusammen entworfen und hart dafür gekämpft, dass sie in den Bericht kommt. Da mussten wir uns tatsächlich bei unseren Kolleg*innen durchsetzen, aber die Regierungen waren überraschenderweise sofort einverstanden. Das hat uns wirklich sehr zusammengeschweißt. Danach haben wir uns beide die gleichen hexagonförmigen Ohrringe gekauft, die hätte ich heute auch fast angezogen.
  Joyce habe ich durch ein Projekt mit dem Roten Kreuz in Kenia 2015 oder 2016 kennengelernt. Sie war als Vertreterin des kenianischen Wetterdienstes beteiligt. Als wir uns kennengelernt haben, fand sie die Attributionsforschung und unser Projekt total spannend, weswegen sie sich dann an einigen Studien der World Weather Attribution beteiligt hat. Zurzeit arbeiten wir an

einem Projekt zu Hitzewellen in Kenia. Inzwischen ist sie der „Focal Point" für den IPCC in Kenia, das heißt, sie ist auch Teil der Regierungsdelegation, die auch bei den UN-Klimakonferenzen dabei ist. Bezogen darauf haben wir auch viel über drängende Themen wie Loss and Damage, also Verluste und Schäden, die durch den Klimawandel entstehen, gesprochen.

Im gleichen Buch (‚Unlearn Patriarchy') schreiben Sie: „Nur wenn man die ungeschriebenen, patriarchalen Regeln kennt, kann man sie prüfen, verlernen und aktiv ändern." Welche Regeln finden Sie am schwierigsten zu bekämpfen und zu verlernen?
Also was mir nach wie vor sehr schwer fällt, ist, dass Männer auf mich immer automatisch intelligenter wirken – zum Beispiel wenn ich Doktoranden betreue. Männer müssen weniger tun als Frauen, um mir den Eindruck zu geben, dass sie clever sind. Das ist ein Vorurteil, das ich immer noch sehr stark in mir trage, auch bei Vorstellungsgesprächen. Das ist traurig, aber ja ….

Wir haben schon viel über wünschenswerte zukünftige Veränderungen gesprochen. Was sind Ihre Träume für die nächsten 10 Jahre? Was sind spannende Fragen, mit denen Sie sich noch auseinandersetzen wollen?
Ja, also eigentlich möchte ich in 10 Jahren in Rente gehen und mich nur noch mit spannenden Sachen beschäftigen, aber, *not happening*. Ich denke, dass gerade in den nächsten Jahren sehr sehr viel in Sachen Klimaprozesse und -klagen passieren wird. Die Idee ist, Klimagerechtigkeit nicht nur auf politischer Ebene, sondern mithilfe von Gerichten einzuklagen. Aus diesem Grund habe ich angefangen, viel mit Jurist*innen zusammenzuarbeiten.

Welche Entwicklungen in der Klimaforschung machen Ihnen besonders Hoffnung?
Ich denke, dass zumindest teilweise die Grenzen zwischen den Disziplinen wegbrechen. Wenn es um Forschung zur Anpassung geht, arbeiten Naturwissenschaften, Sozialwissenschaften und Humanwissenschaften immer mehr zusammen.

Was würden Sie Menschen, die jetzt gerade in die Wissenschaft einsteigen oder überlegen, das zu tun, gerne mit auf den Weg geben?
Arbeitet nicht mit Arschlöchern! Ich habe mich erst ziemlich spät getraut zu sagen: „Nee, ich arbeite nur mit den Leuten, mit denen ich zusammenarbeiten will und mit denen es auch Spaß macht." Ich glaube, das erhöht nicht nur die eigene Lebensqualität, sondern lässt einen auch wissenschaftlich viel mehr erreichen. Wenn es zum Beispiel darum geht, welchen PhD man machen möchte oder bei wem oder wo, dann ist es glaube ich nicht so wichtig, ob das eine renommierte Uni ist oder renommierte Leute, sondern wie die Work-Life-Balance aussieht. Es gibt so viele akademische Institutionen und Akademiker*innen, für die es völlig selbstverständlich ist, am Wochenende oder ständig bis spät in die Nacht zu arbeiten. Die erwarten dann das Gleiche auch von dir. Wenn man nicht mindestens bis abends um 6 oder noch später im Büro ist, wird man schief angeguckt. Dort sind die Leute stolz darauf, wenn sie das ganze Wochenende gearbeitet haben. Dabei nicht mitzumachen und lernen „Nein" zu sagen ist das Wichtigste. Das zu schaffen ist allerdings nicht leicht und es erfordert einen langen Weg, um dieses Ziel zu erreichen.

Literatur

Zachariah et al (2023) Attribution of 2022 early-spring heatwave in India and Pakistan to climate change: lessons in assessing vulnerability and preparedness in reducing impacts. Environ. Res.: Climate 2 045005. https://doi.org/10.1088/2752-5295/acf4b6

Glossar

IPCC und Zusammenfassung für politische Entscheidungsträger (SPM) Der Zwischenstaatliche Ausschuss für Klimaänderungen (IPCC) ist ein multilaterales Gremium, das 1988 von der Weltorganisation für Meteorologie (WMO) und dem Umweltprogramm der Vereinten Nationen (UNEP) eingerichtet wurde, um den Wissensstand über den Klimawandel zu teilen. Ihm gehören 195 Mitgliedstaaten an, die einen Vorstand aus Wissenschaftler*innen wählen, der die Vorbereitung der IPCC-Berichte für einen Zyklus von sechs bis sieben Jahren leitet. Drei Arbeitsgruppen und eine Taskforce sind für die Prüfung der relevanten wissenschaftlichen Literatur zum Klimawandel zuständig, einschließlich naturwissenschaftlicher, wirtschaftlicher und sozialer Aspekte. Das Gremium forscht also nicht selbst, sondern erstellt einen objektiven und umfassenden Überblick über den aktuellen Wissensstand, der in öffentlich zugänglichen Berichten zusammengefasst wird. Die Ergebnisse dieser Berichte werden von tausenden führenden Wissenschaftler*innen geprüft und von allen Mitgliedsregierungen gebilligt.

Die Zusammenfassung für politische Entscheidungsträger (Summary for Policymakers, SPM) fasst die Ergebnisse der IPCC-Bewertungsberichte hauptsächlich für politische Entscheidungsträger*innen, aber auch für die breite Öffentlichkeit zusammen. Anders als im Hauptbericht wird jede Zeile in der SPM verhandelt und muss von den Regierungen der Mitgliedsstaaten genehmigt werden, um ein Gleichgewicht zwischen Genauigkeit, Klarheit der Botschaft und politischer Relevanz zu gewährleisten (Solomon et al. 2007).

Jetstream Jetstreams sind schnell fließende, schmale und mäandrierende Luftströme, die sich nahe der oberen Troposphäre in einer Höhe von etwa sieben bis zehn Kilometern befinden. Sie sind anfällig für kleine Störungen, die zu großen Wirbeln mit Stürmen und Wetterfronten führen. Jetstreams entstehen durch das Temperaturgefälle zwischen Luft vom Äquator und Luft von den Polen und werden durch die Corioliskraft abgelenkt. Die wichtigsten Jetstreams sind der polare Jetstream und der subtropische Jetstream (bei 30° und 60° N/S-Breite), wo die Polarzelle auf die Ferrel-Zelle bzw. die Ferrel-Zelle auf die Hadley-Zelle trifft. Heutzutage fliegen Verkehrsflugzeuge in einer Höhe, die nahe am Jetstream liegt. Aus diesem Grund benötigen Flüge von West nach Ost im Allgemeinen weniger Zeit als Flüge von Ost nach West (Woollings 2020).

Paläoklimatologie Die Paläoklimatologie befasst sich mit der Rekonstruktion des Zustands des Erdklimas in Zeiträumen, in denen es noch keine direkten Messungen gab. Paläoklimatologen gewinnen Daten aus einer Vielzahl von Proxy-Methoden, darunter Gesteine, Sedimente, Bohrlöcher, Eisschichten, Baumringe, Korallen, Muscheln und Mikrofossilien, und wenden eine Vielzahl verschiedener Techniken an, um diese Proxies zu datieren. Dies ermöglicht ein tieferes Verständnis der Entwicklung des Klimas in der Vergangenheit, z. B. häufige Vergletscherungen, rasche Abkühlung und Erwärmung. Die von Paläoklimatologen gesammelten Erkenntnisse bilden auch eine wichtige Grundlage für die Untersuchung vergangener Veränderungen in der Umwelt und der biologischen Vielfalt, insbesondere der Beziehung zwischen Klima und Massenaussterben sowie der biotischen Erholung (Bradley 2015; Lohmann 2009).

Atlantische meridionale Umwälzzirkulation (AMOC) Die atlantische meridionale Umwälzzirkulation (Atlantic Meridional Overturning Circulation, AMOC) ist ein großes System von Meeresströmungen, die warmes Wasser aus den Tropen nach Norden in den Nordatlantik transportieren. Dies führt zu einem milderen Klima in Nordwesteuropa und im Nordatlantik. Die AMOC wird durch das Absinken von kaltem, salzhaltigem Wasser im Nordatlantik aufrechterhalten, von wo aus es entlang der nordamerikanischen Ostküste zurück nach Süden fließt. Steigende Ozeantemperaturen und ein verstärkter

Zufluss von Süßwasser aus schmelzenden Gletschern könnten daher zu einer Schwächung der AMOC führen. Die oberflächennahe Strömung von warmem Wasser aus dem Golf von Mexiko, die Teil der AMOC ist, wird auch als Golfstrom bezeichnet (Good et al. 2018; Fofonoff 1981; Ackermann et al. 2020).

Navier-Stokes-Gleichungen Die Navier-Stokes-Gleichungen sind eine Reihe von partiellen Differentialgleichungen, die die Bewegung von Flüssigkeiten unter Berücksichtigung von Faktoren wie Druck, Viskosität und Geschwindigkeit beschreiben. Sie bestehen aus der Kontinuitätsgleichung, der Impulsgleichung und der Energiegleichung und erfordern in den meisten Fällen numerische Methoden zur Lösung. Klimamodelle verwenden die Navier-Stokes-Gleichungen und andere physikalische Gesetze, um die Flüssigkeitsbewegung in der Atmosphäre und im Ozean zu simulieren. Diese Gleichungen sind jedoch in hohem Maße nichtlinear und rechenintensiv, was ihre direkte Anwendung auf groß angelegte Klimamodelle einschränkt (Thorne und Blandford 2017).

(Gekoppelte) Differentialgleichungen Differentialgleichungen sind mathematische Gleichungen, deren Lösungen keine Zahlen, sondern mathematische Funktionen sind. Mit ihnen werden die meisten physikalischen Gesetze ausgedrückt, da mit ihnen modelliert werden kann, wie sich ein bestimmter Zustand eines Systems mit der Zeit oder im Raum verändert. Oftmals hängt eine bestimmte physikalische Größe auch von anderen Größen oder deren Entwicklung ab. So hängen beispielsweise Druck, Dichte und Strömungsgeschwindigkeit in einer Flüssigkeit voneinander ab und können nicht unabhängig voneinander bestimmt werden. In einem solchen Fall spricht man von einer Kopplung mehrerer Differentialgleichungen. Aufgrund der Komplexität der Gleichungen, die beispielsweise für die Untersuchung der Entwicklung des Klimas erforderlich sind, wird bei der Lösung dieser Gleichungen in hohem Maße auf Computer zurückgegriffen, was als numerische Behandlung von Differentialgleichungen bezeichnet wird (Dahmen und Reusken 2008; Landau und Lifshitz 1987).

Proxy-Daten In der Paläoklimatologie, der Erforschung des Klimas in der Vergangenheit, verwenden Wissenschaftler so genannte Proxydaten, um vergangene Klimabedingungen zu rekonstruieren. Bei diesen Proxydaten handelt es sich um erhaltene physikalische Merkmale der Umwelt, die direkte Messungen ersetzen können. Paläoklimatologen sammeln Proxy-Daten aus natürlichen Aufzeichnungsgeräten für Klimaschwankungen wie Baumringen, Eisbohrkernen, fossilen Pollen, Meeressedimenten, Korallen und historischen Daten. Durch die Analyse von Aufzeichnungen aus diesen und anderen Proxy-Quellen können Wissenschaftler unser Verständnis des Klimas weit über die instrumentellen Aufzeichnungen hinaus erweitern (*What Are Proxy Data?* 2018).

Unsicherheiten bei wissenschaftlichen Ergebnissen Das Wort „Unsicherheit" hat in der Alltagssprache eine etwas andere Bedeutung als im wissenschaftlichen Kontext. Im wissenschaftlichen Sprachgebrauch drückt es den Grad aus, in dem etwas bekannt ist. In der Umgangssprache drückt das Wort ein Gefühl des Nichtwissens aus. Der Unterschied ist subtil, aber wichtig. Unsicherheiten in wissenschaftlichen Experimenten oder Modellen machen probabilistische Aussagen über das Intervall, in dem der „wahre" Wert einer Variablen voraussichtlich gefunden wird. Diese Unsicherheiten können sich aus verschiedenen Faktoren ergeben, z. B. aus der Variabilität experimenteller Messungen, aus numerischen Fehlern, die durch Näherungswerte in Computermodellen verursacht werden, und aus der Unzulänglichkeit des zugrunde liegenden physikalischen Modells eines Problems. Man sollte daher die sorgfältige wissenschaftliche Praxis der Fehlerabschätzung nicht mit einem Mangel an schlüssigen Ergebnissen verwechseln, da Ersteres im Allgemeinen nicht Letzteres impliziert (*Scientific Uncertainty* 2019; ISO 1995; Kennedy und O'Hagan 2001).

Gitter Eine Unterteilung der Erdoberfläche in kleinere quadratische Netzzellen gleicher Größe (Climate Models 2023; Lohmann et al. 2020).

MM5 MM5 begann in den 1960er-Jahren als Monsunmodell und wurde in den 1970er-Jahren zu einem weit verbreiteten Modell, das viele atmosphärische Phänomene, Echtzeitvorhersagen und Klimastudien auf der Mesoskala simulieren kann. MM5 ist die Abkürzung für Fifth-Generation Penn State/NCAR Mesoscale Model (Anthes 2011).

Überlandfluss Wasser, das nicht in den Boden versickert, sondern auf der Oberfläche des Geländes fließt (Ward und Robinson 2000).
Nicht im Englischen:
Dynamisches Klimamodell
Dynamische Klimamodelle verwenden einfache physikalische Methoden. Sie liefern nicht so präzise Vorhersagen wie komplexe Modelle, sind aber leichter zu verstehen und die zugrunde liegende Physik lässt sich leichter interpretieren.

Monte-Carlo-Vorhersagen Monte-Carlo-Vorhersagen verwenden eine Reihe von Zufallszahlen oder computergenerierten Pseudo-Zufallszahlen, um numerische Ergebnisse zu erhalten. Dies ermöglicht die Lösung von mathematischen Problemen, die im Prinzip deterministisch sind, deren Lösungen aber so kompliziert sind, dass sie praktisch nur durch Zufallsstichproben geschätzt werden können (Kalos und Whitlock 2008).

Entropie und der zweite Hauptsatz der Thermodynamik Die Entropie ist eine der wichtigsten Größen in der Physik, insbesondere in der Thermodynamik. Aus Sicht der Thermodynamik sind Änderungen der Entropie eines Systems eng mit der Übertragung von Wärmeenergie in dieses System verbunden. Die Entropie ist von entscheidender Bedeutung, wenn es darum geht zu verstehen, wie viel der inneren Energie eines Systems zur Verrichtung von Arbeit genutzt werden kann, z. B. in Wärmekraftmaschinen. Je höher die Entropie eines Systems ist, desto weniger freie Energie steht für die Gewinnung von Arbeit zur Verfügung. Das Sonnenlicht hat eine niedrige Entropie und ermöglicht letztlich viele Prozesse auf der Erde, wie z. B. die Zirkulation der Ozeane, die für die Entwicklung des Lebens unerlässlich sind. Mikroskopisch gesehen ist die Entropie eng mit der Unordnung verbunden. Nehmen wir an, alle Luftteilchen befinden sich zu Beginn in nur einer Hälfte eines Raums. Wenn sie sich selbst überlassen werden, neigen sie dazu, sich gleichmäßig auf beide Hälften zu verteilen, wodurch die Unordnung im System und damit seine Entropie zunimmt. Diese Beobachtung ist sehr allgemein. Der zweite Hauptsatz der Thermodynamik besagt, dass die Entropie eines isolierten Systems mit der Zeit nicht abnehmen kann. Passenderweise kann der Zeitpfeil (von der Vergangenheit in die Zukunft) physikalisch durch die Entropie definiert werden (Nolting 2017).

Wärmekraftmaschine Eine Wärmekraftmaschine wandelt Wärmeenergie in mechanische Arbeit um. Ein Auto zum Beispiel verbrennt Kraftstoff und nutzt die dabei entstehende Wärme, um sich vorwärts zu bewegen. Der zweite Hauptsatz der Thermodynamik schränkt die Effizienz dieses Prozesses ein: Durch die Umwandlung von Wärmeenergie in Arbeit wird die Entropie des Autos gesenkt. Gleichzeitig muss die Entropie der Umgebung zunehmen. Andernfalls wird der zweite Hauptsatz verletzt. Aus diesem Grund kann nicht die gesamte Wärmeenergie in Arbeit umgewandelt werden. Bei einem Auto wird überschüssige Wärme mit hoher Entropie aus dem Auspuffrohr geblasen. Das Konzept der Wärmekraftmaschine lässt sich auch auf das System Erde anwenden. Das Sonnenlicht heizt die Atmosphäre auf, was zu einer atmosphärischen Bewegung, dem Wind, führt. Der höchstmögliche Wirkungsgrad, den eine Wärmekraftmaschine erreichen kann, wird als Carnot-Wirkungsgrad bezeichnet (Nolting 2017).

Stomata Stomata sind Spaltöffnungen in der Epidermis (äußere Schutzschicht) von Pflanzen. Sie dienen dem Gasaustausch, hauptsächlich der Transpiration und der CO_2-Aufnahme, und können von der Pflanze über Wächterzellen geöffnet oder geschlossen werden (Bresinsky et al. 2013).

El Niño El Niño ist ein Klimamuster, das alle zwei bis sieben Jahre wiederkehrt. In El-Niño-Jahren erwärmt sich die Meeresoberflächentemperatur im östlichen tropischen Pazifik erheblich. Dies führt zu starken Regenfällen in Süd- und Mittelamerika und beeinflusst die Klimamuster auf der ganzen Welt (McPhaden et al. 2020).111

Literatur

Solomon, S. et al. ‚IPCC, 2007: Summary for Policymakers'. In: *Climate Change 2007: The Physical Science Basis. Contribution of Working Group I to the Fourth Assessment Report of the Intergovernmental Panel on Climate Change.* Cambridge University Press, Cambridge, United Kingdom and New York, NY, USA, 2007.

Woollings, T. *Jet Stream: A Journey through Our Changing Climate.* Oxford University Press, 2020. https://doi.org/10.1093/oso/9780198828518.001.0001.

Bradley, R.S. *Paleoclimatology: Reconstructing climates of the quaternary.* Amsterdam: Elsevier, 2015. https://doi.org/10.1029/EO81i050p00613-01.

Lohmann, G. ‚Abrupt Climate Change Modeling'. In: Springer New York, 2009, S. 1–30. https://doi.org/10.1007/978-1-4419-7695-6_1.

Good, P. et al. „Recent Progress in Understanding Climate Thresholds: Ice Sheets, the Atlantic Meridional Overturning Circulation, Tropical Forests and Responses to Ocean Acidification". In: *Progress in Physical Geography: Earth and Environment* 42.1 (2018), S. 24–60. https://doi.org/10.1177/0309133317751843.

Fofonoff, N.P. ‚The Gulf Stream'. In: *Evolution of Physical Oceanography: scientific surveys in honor of Henry Stommel* (1981), S. 112–139. https://doi.org/10.1029/EO063i019p00499-02.

Ackermann, L. et al. ‚AMOC Recovery in a Multicentennial Scenario Using a Coupled Atmosphere-Ocean-Ice Sheet Model'. In: *Geophysical Research Letters* 47.16 (2020). https://doi.org/10.1029/2019GL086810.

Thorne, K.S. und Blandford, R.D. *Modern Classical Physics: Optics, Fluids, Plasmas, Elasticity, Relativity, and Statistical Physics*. Princeton: Princeton University Press, 2017. https://doi.org/10.1080/00107514.2018.1515249.

Dahmen, W. und Reusken, A. *Numerik für Ingenieure und Naturwissenschaftler*. Springer-Lehrbuch. Berlin, Heidelberg: Springer Berlin Heidelberg, 2008. https://doi.org/10.1007/978-3-540-76493-9.

Landau, L.D., und Lifshitz, E.M. *Fluid mechanics*. Course of theoretical physics V.6. Pergamon Press, 1987. doi: https://doi.org/10.1016/C2013-0-03799-1.

‚What Are Proxy Data?', 24. August 2018. Url: https://www.ncei.noaa.gov/news/what-are-proxy-data (zuletzt aufgerufen am 07.11.2023).

‚Scientific Uncertainty'. In: *Nature Climate Change* 9.11 (2019), S. 797. https://doi.org/10.1038/s41558-019-0627-1.

ISO. *Guide to the Expression of Uncertainty in Measurement*. Tech. rep. Geneva, Switzerland, 1995, S. 16–17. https://doi.org/10.1017/CBO9781139135085.018.

Kennedy, M.C. and O'Hagan, A. ‚Bayesian Calibration of Computer Models'. In: *Journal of the Royal Statistical Society Series B: Statistical Methodology* 63.3 (2001), S. 425–464. https://doi.org/10.1111/1467-9868.00294.

Climate Models. 25. August 2023. url: https://www.climate.gov/maps-data/climate-data-primer/predicting-climate/climate-models (zuletzt aufgerufen am 07.09.2023).

Lohmann, G. et al. ‚Abrupt Climate and Weather Changes Across Time Scales'. In: *Paleoceanography and Paleoclimatology* 35.9 (2020). https://doi.org/10.1029/2019PA003782

Anthes, R. ‚History of the Mesomonster'. Tom Warner Symposium. 02. Dezember 2011. url: https://boulder.ral.ucar.edu/sites/default/files/public/opportunity/warner-internship-for-scientific-enrichment-wise/docs/01-anthes-warner-symposium-anthes.pdf (zuletzt aufgerufen am 06.02.2024).

Ward, R. C. und Robinson, M. *Principles of Hydrology*. London: McGraw-Hill, 2000. https://doi.org/10.1002/esp.3290160308.

Kalos, M.H. und Whitlock, P.A. *Monte Carlo Methods*. Weinheim: WILEY-VCH, 2008. https://doi.org/10.1002/9783527626212.

Nolting, W. *Theoretical Physics 5: Thermodynamics*. Cham: Springer Cham, 2017. https://doi.org/10.1007/978-3-319-47910-1.

Bresinsky, A. et al. *Strasburger's Plant Sciences*. Berlin, Heidelberg: Springer, 2013. https://doi.org/10.1007/978-3-642-15518-5.

McPhaden, M.J., Santoso, A., and Cai, W., eds. El Niño Southern Oscillation in a Changing Climate. Geophysical Monograph Series. Wiley, 2020. https://doi.org/10.1002/9781119548164.

GPSR Compliance

The European Union's (EU) General Product Safety Regulation (GPSR) is a set of rules that requires consumer products to be safe and our obligations to ensure this.

If you have any concerns about our products, you can contact us on

ProductSafety@springernature.com

In case Publisher is established outside the EU, the EU authorized representative is:

Springer Nature Customer Service Center GmbH
Europaplatz 3
69115 Heidelberg, Germany

www.ingramcontent.com/pod-product-compliance
Lightning Source LLC
LaVergne TN
LVHW020331260326
834688LV00037B/981